「技術」が変える戦争と平和

道下徳成 編著

芙蓉書房出版

はじめに

道下 徳成

　戦争の様相は時代とともに大きく変化してきており、その変化を引き起こしてきた重要な要素の一つが技術である。技術の進歩により、現代においても戦争の様相は日々変化し続けている。勿論、戦争は政治の手段であり、技術はその本質を変えるものではないとのクラウゼヴィッツ学派の主張は現在でも有効である。しかし、技術が戦争と平和のあり方を大きく変えているのは明らかであり、またクラウゼヴィッツ学派でさえ、技術が戦争の特徴を大きく変えるという事実を否定しているわけではない。

　今日の国際社会では、フェイスブックやツイッターなどのソーシャルネットワーキングサービス（SNS）、3Dプリンタ、人工知能（AI）などの新技術、量子科学や脳神経科学などの新しい学術領域、また宇宙やサイバーなどの新たな領域の誕生によって、われわれ現代人の生活は急激に変化している。

　また、技術革新は米国の「第三のオフセット戦略」をはじめ、軍事面にも大きな変化を与えている。例えば、カーター国防長官は、在職時シリコンバレーに足しげく通い、軍事転用可能な民生技術を探し続けた。このように、今やデュアルユース（両用技術）は軍事技術の重要なソースとなっている。また、民生ドローンの軍事転用も目を見張る成果を上げている。

　こうした動きは、戦争の様相を目まぐるしく変化させている。しかも、これらの技術は政府の管理しない分野で革新を繰り返していることから、非常に動きが見えにくくなっている。しかし、現在の様々な技術革新が平和や戦争にどのような影響を与えるかを理解しなければ、今後の世界や秩序のありようを正確に認識することはできない。

　本書は、こうしたニーズに応えるため、国際政治、軍事・安全保障問題に詳しい研究者や実務家に、技術革新という共通テーマについて、各々の専門的分野分野から論じていただいたものである。

　国際政治、軍事・安全保障問題は、技術革新によって重大な影響を受けている。その全体像を体系的に示すため、本書は、空間的にマクロからミ

クロへ、すなわち、前半では新たな戦略領域や地域の軍事環境についての議論を紹介した上で、後半では個別の技術が戦争形態に与える影響などを紹介する形で構成されている。また、国際紛争や国境を越えるテロ、平和維持活動などの関連分野についての議論も紹介する。さらに、技術の点から見た戦争形態の不変性と可変性、技術進歩によって引き起こされる軍事ドクトリンの変容についても歴史的な視点から論じる。

このように、概念上は各章をいくつかのカテゴリーに分けているが、順を追って読み進めて頂いても結構であるし、ご自身の関心がある章から読み進めて頂いても結構である。以下、各章の要旨を簡単に紹介する。

「技術が変える宇宙の軍事利用」（村野将）は、冷戦期、核ミサイルの監視や指揮統制など戦略レベルで利用されていた宇宙空間が、湾岸戦争を皮切りに精密誘導兵器の登場や軍のネットワーク化を経て、戦術レベルでも不可欠な要素となったと論じる。そのため、米国のような宇宙依存度の高い軍ほど妨害時の影響が大きく、中国やロシアはその脆弱性を狙っている。今後は、ノンキネティックな妨害手段にいかに対抗するかが問われ、妨害を受けた際の損害限定手段（同盟国間での能力分散や復旧能力の多様化）が重視されていく。

「変わりゆくサイバー空間での戦争」（川口貴久）は、今日、サイバー空間が指数関数的に拡大・進化するとともに、現実世界の重要インフラ・生活機器・言論空間を支えるバックボーンとなっていることを指摘し、これに伴って、伝統的な戦争（現実世界の軍事行動・武力攻撃）とサイバー攻撃が結びつき、また同時にサイバー空間において新しい戦争形態（破壊活動、転覆活動等）が登場したと論じる。

「脳・神経科学が切り開く新たな戦略領域」（土屋貴裕）は、陸・海・空・宇宙・サイバーに加えて、人工知能や人間の脳（ブレイン）、精神（マインド）、神経（ニューロ）が「第6の戦略領域」となりつつあることを示した。その上で、安全保障・軍事分野における人間の倫理観について、脳・神経倫理学の知見が今後一層求められると結論付けている。

「技術革新と軍の文化の変容」（安富淳）は、軍事技術の革新は軍の作戦能力を飛躍的に向上させたが、他方で、それを扱う軍人が発展の規模と速度についていけず、軍事組織がテクノロジーにあわせた人材マネジメント

を打ち出せないままに変化に取り残されていると指摘する。そして、その結果、軍人の士気や軍人としての職業エートスが低下し、部隊内の凝集性や団結心の低下を招き、離職が増加し、軍隊全体の即応能力が低下する、という連鎖の危険を示唆している。

「技術革新とハイブリッド戦争——ロシアを中心として」（小泉悠）は、ハイブリッド戦争をはじめとする、ロシアによる非対称アプローチは過大評価される傾向があるが、実際には、その有用性にかなりの限界があると指摘する。なぜなら、ハイブリッド戦争はロシアが旧ソ連諸国を今後とも自国の「勢力圏」内に留めおくための介入戦略であって、ロシアのグローバルな介入能力を担保するものではないからである。

「技術が変える南アジアの安全保障」（長尾賢）は、インドは多くの実戦を経験したがために、国産技術を育てる余裕がなかったと論じる。それにもかかわらず、いくつか開発に成功した事例があり、これはインドの技術開発能力の潜在的な高さを証明している。また、既存の技術を改良し普及させることで一定の影響力を持ち始めてもいる。このため、将来、インドは技術面でも世界の安全保障に重要な影響を与える可能性がある。

「韓国の戦力増強政策の展開と軍事産業の発展——新技術獲得を目指す執念とその弊害」（伊藤弘太郎）は、韓国の防衛産業は約40年の歳月を経て、世界各国に装備を輸出するまでに大きく成長したと指摘する。一方、今後の課題としては、①米国からの技術移転に依存する産業構造からの脱却と、②装備品の開発・導入をめぐる不正根絶の二点がある。また、韓国は引き続き独自技術開発による国産化率の向上を通じて最終利益の拡大に励み、防衛産業基盤の発展を企図している。

「ドローン技術の発展・普及と米国の対外武力行使——その反作用と対応」（齊藤孝祐）は、イノベーションの観点から米国の対外武力行使におけるドローン利用を取り上げ、ドローンの軍事利用が加速する一方、それによってかえってドローン利用のあり方が制約されていく側面があることを指摘した。このことは、先端技術の利用と規制が共変的に新たな国際安全保障環境を形作っていく過程を示している。

「3Dプリンタが変える戦争」（部谷直亮）は、3Dプリンタの軍・民間での急速な利用拡大が、経済制裁という工業化社会で発達した手段の意味を低下させ、軍需と民需で家内制手工業が復活し、カスタマイズされた装備

を持ち、しかも兵站所要を軽量化させた軍事組織が戦闘する社会、いわば「中世への回帰」を引き起こす可能性があるとしている。その意味で、３Ｄプリンタは、現在指摘されている「兵站革命」にとどまらず、戦争と秩序を「新しい中世」に導く可能性がある。

「ＡＩとロボティックスが変える戦争」（佐藤丙午）は、ＡＩやロボット兵器をめぐる国際社会の状況を俯瞰し、その特性、そしてその開発が及ぼす軍事上の変化と、軍事社会学上の変化を展望している。そのなかでは、個別の戦闘のみならず、戦争そのものをＡＩやロボットに実行させるようになる可能性も指摘されており、そのような場合には人間の役割と意義を再考する必要性が出てくる。

「技術革新と核抑止の安定性に係る一考察—極超音速兵器を事例として」（栗田真広）は、極超音速兵器、特に長射程の極超音速ブースト滑空（ＨＢＧ）兵器が、米露・米中間の核抑止の安定に悪影響を及ぼす可能性があると指摘する。このため、ＨＢＧ兵器の用途等に関する大国間の信頼醸成措置が必要であると論じる。

「トランスナショナル化するテロリズム—現代技術はテロの脅威をどう変えたのか？」（和田大樹）は、通信技術の発達がテロの脅威を拡散させる上で決定的な役割を担うようになっていると論じる。そして、国際社会や関係企業が一体となって取り組むことが重要であるが、それを進めるのは容易ではないと結論づけている。

「技術進歩と軍用犬—対テロ戦争で進むローテクの見直し」（本多倫彬）は、戦争のハイテク化が進行する一方で、軍用犬という原始的なローテクが復権するという技術と戦争をめぐる一種のパラドクスを考察している。ハイテクに対して非対称的に用いられるローテクに対抗するためには、却ってローテクが不可欠になるという。

「技術が変えた戦争環境」（中島浩貴）は、近現代において、戦争と技術の相互作用によって、戦争の規模・速度と空間・有機的結合等における不断のエスカレーションが発生したと論じている。また、技術は戦争が展開される環境を根本から変化させる一方で、人間がエスカレーションをコントロールする重要性は変わっていない点を指摘している。

「技術が変えない軍の特質—海兵隊を事例に」（阿部亮子）は、米海兵隊を対象に技術の変化と軍事構想の変容について考察し、第一に、「イラク

の自由」作戦における海兵隊の作戦と戦術は、ベトナム戦争後に海兵隊が採用した技術と編制のみならず、新たに開発されたドクトリンに基盤を持つこと、第二に、現在の海兵隊はその軍事構想に基づき新技術の採用を議論していることを示している。

「軍における技術進歩の知的背景—米陸軍のドクトリンと『作戦術』中心の知的組織への挑戦」（北川敬三）は、米陸軍訓練ドクトリンコマンド（TRADOC）の初代司令官であるデピュイを中心とした軍人たちが、1970年代から1980年代にかけてベトナム戦争後の米陸軍の再生を実現した過程を描き出している。彼らは組織改革の中心に戦い方の哲学であるドクトリンを置き、「ドクトリン・ルネッサンス」と呼ばれる知的活動を展開した。そして、ドクトリンの存在が、戦略と戦術を繋ぐ概念である「作戦術（Operational Art）」の導入を容易にした。

また、各章とは別に、防衛装備庁で初代装備政策部長を務めた堀地徹氏（現防衛省南関東防衛局長）の特別インタビューを所収した。本インタビューでは、防衛装備・技術政策の専門家である同氏に、日本の防衛装備についての課題と今後の展望を論じていただいた。堀地氏は、安全保障の関連企業が国際的な装備協力に取り組むことが、将来の事業展開・成長につながるとの展望を示したうえで、そのためには積極的な海外情報の収集・活用、欧米型の会計制度・保全制度の採用、イノベーションのための努力などが必要であると指摘している。

技術の変化は速く、その波及効果は大きい。このため、現代社会に生きるわれわれは、常に技術の変化とその意義を理解するための努力を強いられる。しかし、他方では、技術の拡散によって情報も拡散し、どの情報が有用なのかを選択するのに苦労させられる。そうしたなかで、技術と安全保障の問題を体系的かつ多面的に論じた本書が、この問題を理解するための有用な手がかりとなれば幸いである。

「技術」が変える戦争と平和 ❖ 目次

はじめに　　　　　　　　　　　　　　　　　　　　　　道下徳成　*1*

第1部　技術が変える戦略領域

技術が変える宇宙の軍事利用　　　　　　　　　　　村野　将　*13*
はじめに／1．宇宙における軍事利用の経緯／2．米軍の宇宙コントロールに対する挑戦者の出現／おわりに　技術が変える宇宙の軍事利用のこれから

変わりゆくサイバー空間での戦争　　　　　　　　川口貴久　*27*
はじめに／1．サイバー戦争／2．サイバー空間の2つのトレンド／3．変容する戦争／おわりに　サイバー空間の将来

脳・神経科学が切り開く新たな戦略領域　　　　土屋貴裕　*41*
はじめに　ニューロ・セキュリティ：「第6の戦略領域」における安全保障／1．米国の「マインド・ウォーズ」2．脳・神経科学の軍事分野への応用に取組む中国／おわりに　問われる脳・神経倫理学からのアプローチ

第2部　技術が変える軍事環境

技術革新と軍の文化の変容　　　　　　　　　　　安富　淳　*55*
はじめに／1．軍の文化とは何か／2．技術革新による軍の文化の変容／おわりに

技術革新とハイブリッド戦争　　　　　　　　　　小泉　悠　69
ロシアを中心として
 はじめに／1．ロシアにとっての安全保障／2．勢力圏内における相対的優位／3．西側に対する非対称アプローチ／4．ロシアのオプション／5．非対称アプローチの有効性と限界

技術が変える南アジアの安全保障　　　　　　　　長尾　賢　83
 はじめに　インドの安全保障にとっての技術／1．歴史的経緯の中で技術政策が果たした役割／2．現代のインドの軍事戦略と技術／おわりに　技術がインドの安全保障に与えた影響から何が言えるか

韓国の戦力増強政策の展開と防衛産業の発展　　伊藤弘太郎　95
新技術獲得を目指す執念とその弊害
 はじめに　韓国軍にとっての「技術」／1．防衛装備品の海外輸出拡大／2．米国への技術依存の実態と独自技術開発への執念／3．韓国の戦力増強をめぐる問題点／おわりに　韓国の戦力増強と防衛産業振興策の今後の課題

[特別インタビュー]
日本の防衛装備品の課題と今後の展望　　　　　堀地　徹　107

第3部　技術が変える戦争形態

ドローン技術の発展・普及と米国の対外武力行使　齊藤孝祐　115
その反作用と対応
 はじめに　ドローンはいかなる意味で「イノベーション」をもたらしたのか／1．イノベーションの視点から見るドローンの利用拡大／2．武力行使における任務の拡大と価値の両立可能性／3．透明化と武装ドローンの規制に向けた動き／おわりに　さらに進展するイノベーションとその課題

3Dプリンタが変える戦争　　　　　　　　　　部谷直亮　*127*
はじめに／1．3Dプリンタと兵站とは何か／2．3Dプリンタの軍事転用の状況／3．3Dプリンタの軍事転用の意義と可能性／4．3Dプリンタの産業界における使用状況とその評価／おわりに

AIとロボティックスが変える戦争　　　　　　佐藤丙午　*141*
はじめに　AI（人工知能）とロボティクスの軍事的可能性／1．AIとロボットの兵器をめぐる議論／2．AIとロボティクスの戦争の意味について／3．AIとロボットの戦争における人道性／4．AI・ロボット技術の軍事的可能性／おわりに　戦争の変化

第4部　技術が変える国際紛争

技術革新と核抑止の安定性に係る一考察　　　　栗田真広　*155*
極超音速兵器を事例として
はじめに　極超音速兵器の登場と核抑止／1．米国の開発動向／2．ロシアの開発動向／3．中国の開発動向／4．核レベルでの抑止の安定性への影響／おわりに　極超音速兵器に係る信頼醸成の可能性

トランスナショナル化するテロリズム　　　　　和田大樹　*167*
現代技術はテロの脅威をどう変えたのか？
はじめに／1．テロリズム研究と現代技術／2．現代技術が与えた具体的影響／3．テロ組織にとっての現代技術／おわりに　現代技術を駆使するテロにどう対処するのか

技術進歩と軍用犬　　　　　　　　　　　　　　本多倫彬　*179*
対テロ戦争で進むローテクの見直し
はじめに／1．技術からみた対テロ戦争／2．軍用犬が活躍した対テロ戦争／3．戦争における動物の活用／4．現代と使役犬／おわりに

第5部　技術革新は何を変えたか

技術が変えた戦争環境　　　　　　　　　　　　　　　中島浩貴　*195*

はじめに　技術によるエスカレーションと拡大／1．破壊力のエスカレーション／2．速度と空間、有機的結合のエスカレーション／3．規模のエスカレーション／おわりに　エスカレーションとコントロール

技術が変えない軍の特質　　　　　　　　　　　　　　阿部亮子　*207*
海兵隊を事例に

はじめに　軍事作戦と技術・編制・構想／1．2003年の海兵隊の「電撃戦」／2．「電撃戦」の背景にあった構想／おわりに　ロバート・ネラーの下での変化

軍における技術進歩の知的背景　　　　　　　　　　　北川敬三　*217*
米陸軍のドクトリンと「作戦術」中心の知的組織への挑戦

はじめに　米軍再建の原点：予想された窮状と誤った自信／1．TRADOCとデピュイの挑戦：1970年代と「戦術レベル」の改革／2．先導者としてのTRADOC：1980年代と「作戦レベル」の改革／おわりに　甦る米国陸軍

おわりに　　　　　　　　　　　　　　　　　　　　　道下徳成　*229*

執筆者紹介　　　　　　　　　　　　　　　　　　　　　　　　*230*

第1部

技術が変える
戦略領域

技術が変える宇宙の軍事利用

村野　将

はじめに

　軍事・安全保障における宇宙空間の役割は、冷戦期の米ソ核競争の中で発展してきた。しかし、冷戦終結後も宇宙の役割は縮小するどころか、陸海空における通常戦をより有利に遂行するのに不可欠な作戦領域として変貌を遂げている。本稿では、宇宙の軍事利用の経緯を技術発展の歴史とともに概観し、それが今後の安全保障環境の様相にいかなる変化を与えるかを考えていく。

1．宇宙における軍事利用の経緯

(1)冷戦期における宇宙の軍事利用

　1957年10月4日のソ連によるスプートニク打ち上げは、ソ連が当時米国でさえ実現できていなかったICBM技術を早期に獲得する可能性を示しただけでなく、人工衛星によって米国の軍事活動を偵察する能力を得たのではないかという衝撃を与え、世論にいわゆる「ミサイル・ギャップ」問題を提起した。
　この危機感は、米国をミサイル技術開発と一体となった宇宙進出へと大きく駆り立てる原動力となる。スプートニクを追うように、12月6日に行われた米海軍のヴァンガードロケットの打ち上げは失敗したものの、翌年1958年1月31日には独のV-2ロケット開発で知られるフォン・ブラウンの協力を経て開発された米陸軍弾道ミサイル局（ABMA）のジュピターCロケットにより、西側初の人工衛星エクスプローラーの打ち上げに成功した。また同年10月には、AMBAや海軍調査研究所などのロケット部門が統合され米航空宇宙局（NASA）が設立された。
　1960年代に入ると、米ソの宇宙競争は1961年4月のガガーリンによる世

界初の有人宇宙飛行や、ケネディ政権による人類の月面到達プロジェクト＝アポロ計画など、国家の威信をかけた華々しい側面が強調されるようになっていく。しかし、同時期には現在の衛星技術の萌芽となる初期の衛星運用が始まっていたことも見逃せない*1。

①地球観測（偵察）衛星

1959年6月、米軍は画像偵察衛星の基礎となるディスカバラー4号の打ち上げに成功。同衛星はフィルムカメラが搭載された世界初の衛星であった。4号機は、利用可能なフィルムの回収に失敗したものの、その後も回収実験を繰り返し、翌1960年8月18日にはディスカバラー14号によって宇宙で撮影されたフィルムを地球上で回収することに成功した。その後、米国の偵察衛星プロジェクトは、1962年からより本格的なコロナ計画に移行する。技術的困難性がありながらも、米国が偵察衛星に注力し始めた背景には、1960年5月に発生したU-2偵察機撃墜事件で、ソ連領内での有人偵察飛行のリスクが指摘されるようになったことも関連している。コロナ計画では、KH（Key Hole＝鍵穴［から覗き見る意］）と名付けられた一連の衛星がソ連や中国の画像偵察に用いられ、1972年までに計144のコロナ衛星が打ち上げられた。

コロナ計画はおよそ10年にわたって続けられたが、同計画は当初と同じく衛星で撮影したフィルム入りの再突入カプセルを地球上で回収するフィルムリターン方式をとっていたため、落下地点によっては敵の潜水艦などに奪われる危険性があった。このリスクは偵察衛星からの画像伝達手段が電波送信に切り替わっていくきっかけとなり、現在のKHシリーズには赤外線やレーダーなど複数のセンサーが搭載されていると見られる。

②通信衛星

地球観測衛星が軍事目的で開発され始めたのと違い、通信衛星の萌芽は民生利用から始まった。1960年5月13日、NASAは世界初の受信型通信衛星エコーを打ち上げ、低軌道の投入に成功。その後1962年7月10日には初の通信放送衛星テルスターが打ち上げられた。テルスターは地上から送信された電波を受信、衛星自体が中継器となることで増幅させた信号を地球に送りかえす初の能動型通信衛星であり、現在まで続く通信衛星のひな型となった。

こうした通信衛星の機能はすぐに軍事利用できることが注目され、1967

年には軍事通信衛星DSCS-1（防衛衛星通信システム）の打ち上げが開始された。DSCSは、偵察衛星が撮影した写真の送信など情報の伝送量を重視した広帯域通信を行う衛星であり、妨害に強いSHF帯を使用する。DSCSは、衛星重量を増加させた第二世代、UHF帯やEHF帯のトランスポンダ（変換器）を備えた第三世代の運用を経て、2007年からは10倍以上の伝送容量を有し、戦闘で兵士に必要とされる情報のやりとりをより円滑にすることを目的とした大容量広帯域通信衛星（WGS）の運用を開始している。

③早期警戒衛星

早期警戒衛星は、元々ソ連の核ミサイルの発射位置、時刻、方向を確実に探知し、短時間で通告することを目的に開発された、冷戦期の宇宙利用の中心ともいえる衛星である。戦略防衛の要となる早期警戒衛星の開発は、1960年代の宇宙赤外線ミサイル警報システム（MiDAS）に始まり、1970年11月からは防衛支援プログラム（DSP）衛星の配備が開始され、2007年12月までに全23基が打ち上げられている。DSPには、弾道ミサイルの早期探知に最も効率的なブースト段階のエンジンから放出される熱源を捉えるための赤外線センサーと反射望遠鏡が搭載され、高度36,000kmの静止軌道上から常時警戒を行ってきた。現在では、DSPよりも高性能の赤外線センサーを搭載する宇宙配備赤外線システム（SBIRS）や低軌道の追尾監視システムを通じて多層的な警戒監視体制の構築が目指されている。

④測位・航法・時刻同期（PNT）衛星

測位衛星は、地球上での様々なナビゲーションに用いられる位置情報の確認の電波を発する一連の宇宙インフラを指す。衛星を通じて宇宙から位置情報を確認する手法の汎用性は早くから認められ、米海軍はポラリスSLBMを搭載する潜水艦の位置測定を目的として、1959年に初の測位衛星トランシット・システムを打ち上げ、64年に運用を開始した。しかし、トランシットには測位精度の低さや移動中の測位が困難であることなどの弱点もあり、これを補うため各軍はそれぞれ別々の衛星システムを運用するようになっていった。当然ながら、各軍が異なる衛星測位システムを採用しているのでは効率が悪い。そこで国防省は、1973年に米軍全体の測位システム網を開発することを決定した。それが現在のGPSである。GPS衛星の実験機ナブスターは1978年から打ち上げが開始された。GPSは当初純粋な軍事システムとして開発されたものの、1983年9月に航路を誤りソ連領

空内に侵入した大韓航空機が撃墜された事件をきっかけに、当時のレーガン大統領が軍用とは異なる低精度の測位信号を民間機の安全な航行のために開放することを決定、それ以来、GPSは様々な民生分野で活用されるに至っている。

　このように米国の宇宙利用の歴史においては、当初から軍事目的が重視されてきたのは事実である。他方で、冷戦期における宇宙の軍事利用の特性は、核ミサイルの指揮統制やその攻撃目標の選定、敵の核ミサイル発射の早期警戒・探知、軍備管理協定の検証作業といった、米ソ核競争の文脈から開発された技術の利用を中心としていた。しかし、その利用方法は、1991年の湾岸戦争を皮切りに一変することとなる。

(2)冷戦後における宇宙の軍事利用
　①世界初の「宇宙戦争」＝湾岸戦争と精密誘導技術の衝撃
　1991年1月17日、米軍を中心とする多国籍軍は、クウェートを侵略したイラク軍を排斥する「砂漠の嵐作戦」を開始。開戦と同時に、米艦船からトマホーク巡航ミサイルによる一斉攻撃が行われるとともに、精密誘導兵器を搭載した航空機によって、イラク軍の組織的な防空体制は瞬く間に破壊された。2月24日には多国籍軍による地上戦が始まったものの、同27日にはクウェートを解放、28日の午前8時には「砂漠の嵐」作戦終了が宣言され、地上戦はわずか100時間余りで終了した。
　米軍がイラク軍を圧倒した背景には、1970〜80年代に研究開発が始まった先端技術とそれらを統合する偵察攻撃複合体（reconnaissance-strike complex）の存在があった。イラク軍の防空体制の破壊に多大な成果をもたらしたレーザー誘導爆弾やそれを運用するF-117ステルス攻撃機、対レーダーミサイル（HARM）などの兵器は、ベトナム戦争後に米国の戦略核兵器の優位性が喪失した状況下で、ソ連との通常戦でいかに優位を再獲得するかという構想に基づいて開発された、いわゆる「（第2の）オフセット戦略」の産物である*2。同様に、ソ連の核・ミサイル戦力の動向監視に使用されていた偵察衛星は、イラク軍が保有していた弾道ミサイル・スカッドの移動発射台を捕捉するために使用された他、ICBM発射の熱源を捉えるために配備されていたDSP衛星もスカッドの発射警戒に利用された。

湾岸戦争では、約21万発もの無誘導兵器が使用されたのに対して、精密誘導兵器の割合は17,000発程度に過ぎない。しかし、米軍の出撃率の2%に過ぎなかったF-117によるピンポイント爆撃によって、イラクの指揮統制施設など戦略目標の4割近くが破壊されていることは、精密誘導技術を中核とする偵察攻撃複合体が冷戦後の戦闘様式に革命（RMA）をもたらしたことを示している。

　このように、冷戦期に配備された宇宙アセットが総動員された湾岸戦争は、世界初の「宇宙戦争」と呼ばれることも多い。ただし1991年の時点では、GPSの衛星群は完成しておらず、24時間の精密誘導攻撃を行うには不完全な状況にあった。そのため、湾岸戦争時における誘導兵器はレーザー誘導が主流であり、GPS誘導兵器の使用はまだ限られたものに過ぎなかった。しかし、レーザー誘導兵器が重用される一方で、同種の兵器は射程が短い上、投下後命中するまで目標にレーザーを照射し続ける必要があることから、対空兵器に捕捉されやすく、また煙や霧など視界不良を伴う状況下では誘導が困難になるという弱点も露呈した。この教訓は、米軍に天候に左右されない誘導兵器の開発を迫るきっかけとなっていく。

②コソボからアフガン、そしてイラクへ

　レーザー誘導兵器の限界を実感した湾岸戦争を経て、米空軍は翌1992年から全天候型の精密誘導兵器の研究開発に着手する。そうして1997年に誕生したのがGPS誘導による統合直接攻撃爆弾（JDAM）である。1999年、JDAMはコソボ空爆における「アライド・フォース作戦」において、同じく初めて投入された最新鋭のB-2ステルス爆撃機に搭載される形で実戦デビューを果たし、計650以上のJDAMが投下された。湾岸戦争からコソボ空爆に至るまでの間、1993年に計24基のGPS衛星群が完成したことも相まって、米軍は24時間の全天候精密誘導攻撃を可能とする態勢を確立。これにより、米軍の戦闘作戦におけるGPS誘導弾の使用率は飛躍的に高まることとなった[*3]。

　GPS誘導兵器の躍進の影に隠れがちであるが、コソボ紛争では、通信衛星も湾岸戦争時と比較して5倍以上の帯域を使用するようになっている。その背景には、同時期より本格使用が始まった無人航空機（UAV）の遠隔操縦や、飛行中の航空機に対し衛星リンクを通じて目標を変更するといった攻撃態勢の改善などが重なったことで、通信衛星の需要が拡大したこと

が大きい。

　更に2001年9月11日の米同時多発テロ後、アフガニスタンでの「不朽の自由作戦」では、コソボにもましてUAVの活用が飛躍的に増大し、衛星通信需要も格段に増加した。また、GPS誘導弾も作戦全体で使用された弾薬の32％に達した。

　これに続く2003年3月の「イラクの自由作戦」では、精密誘導弾の使用割合が68％に達し、全体の過半数を占めるようになった。なかでもGPS誘導兵器への依存も上がっており、トマホークは800発以上、AGM-86空中発射巡航ミサイルは153発が発射された。

２．米軍の宇宙コントロールに対する挑戦者の出現

　湾岸戦争以降の米軍にとって、宇宙における利用の自由を確保すること（宇宙コントロール）は陸海空の統合作戦に不可欠な要素となった。しかしそのことは、宇宙利用を妨害することができれば、地上における行動を直接阻止できなくとも、米軍の戦闘行動を効果的に妨害できる可能性を示すものでもあった＊4。

　また、衛星をはじめとする宇宙アセットは、地球上のアセットと異なり、妨害・攻撃による直接的な人的被害が発生しないことから、紛争の初期段階の攻撃を招きやすい性質を持っていることが冷戦期から指摘されてきた。現時点において、衛星そのものの防護が技術的に困難であり、経済的に高コストであることも、宇宙アセットの脆弱性を際立たせている。

（1）中国の対衛星攻撃能力

　そうした中、米国（のみならず、すべての宇宙利用者）に衝撃をもたらしたのが、2007年に中国が実施した対衛星（ASAT）ミサイルによる衛星破壊実験である。ASAT兵器の研究自体は、冷戦期から米ソを中心に行われてきたが、中国は米ソを追うように1960年代からASAT兵器の開発を始め、1990年代前半以降、その実用化に注力してきたと言われている。そして2007年1月11日、中国はDF-21（MRBM）を改造したASATミサイルSC-19を発射、高度約850kmで老朽化した自国の気象衛星FY-1Cに直撃させ、これを破壊した。この実験で発生したスペースデブリ（宇宙ゴミ）は、確認でき

表1

日時	ASAT能力の種類	内容
2005.7	SC-19（DF-21派生型：LEO衛星を目標）	ロケットテスト
2006.2	SC-19	軌道上の目標の迎撃・破壊に失敗
2006.8	高出力レーザー	米国の偵察衛星に複数回、地上からレーザーを照射。衛星は破壊されず。
2007.1	SC-19	自国の気象衛星を破壊（大量のデブリが発生）
2010.1	SC-19	目標の迎撃に成功（大気圏外でのミサイル防衛実験）
2013.1	SC-19	軌道外の目標の迎撃に成功
2013.5	DN-2（DF-31派生型：静止軌道衛星を目標）	ロケットテスト（中国側は観測目的の衛星打ち上げと説明）
2014.7	SC-19	LEO衛星破壊能力を持つ実射実験（中国側はミサイル防衛実験と説明）
2015.1	DN-3（SC-19改良型か）	不明

Kevin Pollpeter, Testimony before the U.S.-China Economic and Security Review Commission, for the hearing on "China's Space and Counterspace Programs" February 18, 2015 などを基に筆者作成。

るだけでも3,000を超えており、レーダーで確認できないものを含めると10万個近くのデブリが300～4,000kmの軌道上に大量発生し、現在まで史上最大のデブリが発生した事案とされている。宇宙空間で発生したデブリは、地球の引力に引かれ、大気圏に再突入して燃え尽きるまで消滅せず、その間宇宙ステーションや他の衛星への接近など、宇宙の安全への脅威となり続ける。この実験を契機に、米国は中国のASAT能力に対する警戒を一気に高めることとなった。

また中国は、湾岸戦争とコソボ紛争で米軍（多国籍軍）が先端技術を駆使することで、敵を圧倒する様子を目の当たりにし、さらにその後のアフ

ガニスタンとイラクでの戦争を経て、情報が兵器にとどまらず、兵站や人員、政策決定などあらゆる面に影響をもたらすことを痛感した。現在中国は、宇宙空間が「情報化戦争」の中核をなす領域であり、「中国版宇宙コントロール（制天権）」を確保することは、「情報ドミナンス（制信息権）」に不可欠な要素と見なし、軍事利用可能な多くの宇宙アセットを整備している。その最たる例が中国版GPSとも言われる測位衛星の北斗である。北斗をはじめとする中国の衛星群は、同国がDF-26（ASBM）などの移動目標を捉えうる高い命中精度を要するミサイルや、遠洋型空母や海外拠点を基盤とした作戦活動など、より遠方での戦力投射能力を目指す上で益々重要となっていくと考えられる。

　他方で、中国は上述の北斗の他、2020年代からの運用を目指す国産宇宙ステーションのような有人ミッションを含む宇宙利用を拡大させている。そうした状況下において、キネティックな破壊を伴うASATミサイルや自爆型のキラー衛星は、今後の中国自身の宇宙利用にも損害をもたらす。そのため、中国はキネティック兵器の開発を続けつつも、ノンキネティックな手段も同時に開発を行っていると見られている。具体的には、①マニピュレーター付きの衛星による他の衛星の妨害、②地上からの高出力レーザー*5、③地上からの強マイクロ波、④衛星信号を妨害する高周波、⑤宇宙コントロールを司るシステムへのサイバー攻撃などの手段が想定されている。

(2) 米中双方が考える「宇宙作戦」の捉え方
　ここまで、衛星などアセットの技術的な利用方法を基に、米国を中心とする宇宙の軍事利用が発展してきた経緯を見てきた。では、これらのアセット運用を司る作戦ドクトリンはどのように整理されているのであろうか。

①米国が定める5つの宇宙作戦領域
　米軍は2013年に公表された統合ドクトリンの中で、「宇宙作戦（Space Operations）」を5つの領域に分類している*6。

　第一は、「宇宙状況把握（Space Situational Awareness：SSA）」である。SSAは、他の宇宙活動の有効性を高めるために不可欠な知識・情報を提供する基礎的な活動のことである。具体的には、大気圏内と宇宙で行われる活動

の監視・情報収集、環境モニタリングによる情報分析、米国と協力国の衛星状況の把握、さらには敵対者の宇宙能力とその脅威を明らかにすることなどが含まれる。

　第二は、「宇宙を通じた戦力の強化」である。これはISR、ミサイルの警戒、PNT、衛星通信、環境モニタリングによって構成される。これらの能力を総合することで、米軍の優位を生み出し、他の陸海空のアセットでは代替できない持続性をもたらす。

　第三の領域は「宇宙支援」であり、宇宙輸送、衛星運用、宇宙戦力の再構成という要素が含まれる。宇宙輸送とは、衛星やペイロード、資材を宇宙に運搬する能力であり、場合によっては民間の打ち上げサービスを利用することも含まれる。衛星運用は、宇宙アセットが正確な運用を継続するための動きやテレメトリなどの維持管理をすることが含まれる。宇宙戦力の再構成とは、損失した宇宙能力を補填するための計画や活動のことであり、具体的には衛星の再配置や、残存アセットの再構成、民間・商用能力による代用などが含まれる。

　第四の「宇宙コントロール」とは、味方の宇宙活動の自由を支援し、必要があれば米国・同盟国の宇宙システムへの干渉や攻撃を打ち破り、敵の宇宙能力を無力化する任務である。さらに宇宙コントロールは、敵の干渉や攻撃を積極的に無力化する攻撃的宇宙コントロールと、味方の宇宙機能を敵のジャミングやデブリなどから防護し、作戦の継続を維持する措置を講じる防御的宇宙コントロールに二分される。

　第五の「宇宙戦力応用」とは、宇宙空間を利用することで、地上の標的を追い込み、紛争の経過・経緯に影響を与える活動のことで、宇宙から行う戦闘作戦とも言い換えられる。これにはミサイル防衛やICBMなどの戦力投射もこれに該当する。

②中国が定める5つの宇宙作戦領域

　一方、中国で2013年に刊行された「宇宙作戦教範*7」には、米軍の宇宙作戦を強く意識する形で、同じく5つの任務領域が規定されている。

　第一の「宇宙抑止」では、宇宙アセットや能力を通じて、敵の行動を抑止したり、強制したりすることで紛争の発生を防ぎ、それに失敗した場合には相手の能力を制限することが意図されている。

　興味深いことに、宇宙抑止の項目には、エスカレーション・ラダーの概

念に似た中国が取りうる手段の具体例が列挙されている。例えば、平時や危機の初期段階においては、対宇宙戦力を誇示することで、相手に紛争の原因となるような行動をとることを躊躇させるための警告を発する。その次の段階として、ASATの実験や宇宙アセットの攻撃を想定した演習などを行い、更に危機が進展した場合には、宇宙アセットの追加配備などの能力強化を行うことで、抑止が失敗した場合に備え、速やかに実際の作戦に移行するための動員態勢を整える。そして最終段階では、キネティック能力のみならず、ジャミングやサイバー攻撃などのソフトキル能力を用いて、相手の物理的インフラやデータリンクを攻撃するという手順である。

　第二は「宇宙封鎖作戦」で、宇宙・地上双方の能力を妨害することにより、相手が宇宙にアクセスするのを防ぎ、宇宙からのISRを困難にすることが想定されている。具体的な手段としては、ロケットの発射場や作戦指揮所などの地上宇宙施設をミサイルや特殊部隊、あるいはサイバー攻撃などによって混乱させたり、直接攻撃やデブリの雲を発生させることで、衛星の軌道を妨害するという方法が考えられる。また、ロケットの搭載システムや打ち上げスケジュールを妨害することで、支援物資が宇宙に到達するのを遅らせ、衛星を適切な軌道に投入できなくするという方法も想定されている（過去米国では、発射台付近の水域に、漁船や遊覧船が侵入したことで、打ち上げが遅延した事例がある）。また、地上施設と衛星間のデータリンクを妨害したり、スプーフィング（偽信号による撹乱）を仕掛ける方法も考えられている。ここでは、衛星そのものを完全に破壊することはなくとも、本来の役割が果たせなくするミッションキルを行うことが目的とされている。

　第三の「宇宙攻撃作戦」では、相手の陸海空および宇宙アセットに対して文字通り攻撃的な作戦を行う。宇宙攻撃作戦は「隠密かつ相手を驚かせるもので、なおかつ迅速に急所を突く決定打を与える統合作戦」と考えられている。すなわち、エスカレーション・リスクの高い作戦であるからこそ、短期間で最大限の効率を狙い、相手を圧倒することで紛争終結を目指すための作戦と位置付けられている。こうした位置付けに加え、それを実現しうる能力には限りがあることから、宇宙攻撃作戦はさほど長引かずに短期間で終わる可能性が高い。

　第四の「宇宙防御作戦」とは、相手から宇宙戦力を防衛し、敵の宇宙攻撃から戦略や作戦遂行のための目標を防衛することを意味する。この項目

表2

	宇宙戦力の主な機能・価値	宇宙システムの特徴と具体的対応	宇宙戦力に求められる戦闘任務
宇宙の特徴は「聖域」	戦略的安定、軍備管理の促進	数が限定的、脆弱なシステム、脆弱な軌道、自国の検証技術	限定的
宇宙で維持すべきは「残存性」	戦略的安定、軍備管理の促進、戦力強化	地上の補完、分散型アーキテクチャー、自動制御、抗堪化	戦力強化、緩やかに劣化
宇宙で維持すべきは「コントロール」	宇宙コントロール、大幅な戦力強化	冗長性、軌道上の予備、クロスリンク、機動、脆弱性の低い軌道の選択、低視認性	宇宙コントロール、大幅な戦力強化、ISR、攻撃的・防御的宇宙作戦
宇宙は戦闘を左右する「ハイグラウンド」	宇宙コントロール、大幅な戦力強化、地上戦への決定的影響、弾道ミサイル防衛	攻撃警戒センサー、欺瞞、混乱、拒否、劣化、破壊、宇宙能力の再構成、防衛	上記に加え、決定的な対宇宙戦、宇宙からの対地上作戦、軌道上からのミサイル防衛

宇宙空間を安全保障上どのような領域として認識すべきかについては、冷戦期から概ね4通りの考え方が提唱されてきた。とりわけ、宇宙の聖域的要素と残存性を重視する人々は、宇宙空間の安定性が戦略核戦力の安定性（戦略的安定）に強く寄与するという点において、冷戦期に相互確証破壊（MAD）の意図的な維持を支持していた考え方と親和性を持つ。しかし、宇宙利用が核戦略のみならず、通常戦力の運用に大きな影響を与えていることに鑑みて、宇宙空間を聖域化することは現実的に不可能であり、航空優勢や海上支配のように、コントロールの優越を目指すべき領域と捉える考え方が主流になりつつある。

Peter Hays, presentation "Space and the Third Offset Workshop," Lawrence Livermore National Laboratory, Center for Global Security Research, August 15-16, 2016 に基づく．なおヘイズによる整理の元となっているのは、David Lupton, On Space Warfare: A Space Power Doctrine, Air University Press, June 1988.

には、宇宙アセットを守るための方策として、能動的防御策（衛星の小型化、コンステレーション化による脆弱性の分散）と、受動的防御策（指向性エネルギー兵器に耐えうる残存性の確保）の必要性が謳われており、米軍の宇宙作戦でいうところの攻撃的・防御的宇宙コントロールに近い発想が含ま

れていることが見て取れる。

第五の「宇宙情報支援活動」では、宇宙からの情報によって地上の作戦を支援することが挙げられている。2005年版の教範においては、宇宙情報支援は二番目に優先すべき作戦として整理されていた。このことは、現実に宇宙作戦における攻撃を可能とする手段が発展するにつれて、中国の宇宙開発の重点が情報支援から、宇宙ドミナンスの安全確保にシフトしていくことを示唆している。

おわりに　技術が変える宇宙の軍事利用のこれから

宇宙を軍事利用することの有用性は、今や米国のみならず、それを阻害する意図を持つ国々のインセンティブを高めており、ASATの脅威や宇宙空間の混雑といった問題を生んでいる。しかし、そのような脅威があってもなお、宇宙空間の利用を縮小する機運が生まれないのは、それだけ宇宙空間を通じた作戦支援やISRが、他領域の活用では得られない効率性を提供しているからでもある。そのような状況下で、宇宙の安定的な利用を続けるためには、各国の宇宙活動の透明性を高める措置として、SSAの更なる強化が必須となる。

その一環として、2014年9月から米軍は、英国・豪州・カナダとともに連合宇宙作戦（combined space operations）と称する取り組みを開始した＊8。連合宇宙作戦には、各国が宇宙を監視する地上配備の望遠鏡やレーダー施設、あるいは衛星の取得する情報を共有・融通しあうことで、宇宙空間の死角を減らし、SSAの底上げを図る狙いがある。また、従来の衛星は機能に優れるものの、大型で高額であるがゆえに、意図的な妨害や事故などによって失われた場合の損失が大きいというデメリットがあった。そこで現在では、小型で安価な衛星群による分散型アーキテクチャーを構成する方向にシフトしつつある。この点に関連し、スペースX社に代表される民間新興宇宙産業による打ち上げコスト削減は、各国政府の公的宇宙投資の相対的な負担軽減になることが期待される。また、「第3のオフセット戦略」の中で注目されている技術—例えばMicro Drone SwarmなどAIやロボティクスなどの分野で研究されている技術—を応用し、各々の衛星が自ら損耗や能力の負荷を判断し、適切な能力を発揮しうる態勢を自律的に再構

成するような能力を獲得していくことも考えられる。
　多国間協力を通じ、衛星をはじめとする宇宙アセットの相互運用・相互補完を高め、システム全体の技術・政治双方のレジリエンシーを高めることは、システムの運用コストを効率化するだけでなく、潜在的敵対者に対して一国だけのアセットを攻撃・無力化しても、目的を達成できなくすることで、攻撃のハードルを高め、宇宙空間での拒否的抑止力の強化に繋がる。その具体的方策としては、日米あるいは日米欧での衛星の共同運用や多国間の衛星機能の相乗り（ホステッド・ペイロード）なども有効であろう。
　また技術革新によって、宇宙利用の妨害手段が変化していく状況にも対応していく必要がある。今後米国以外の国々も宇宙進出や宇宙への依存を強めていけば、大量のデブリが発生するキネティックなASAT能力を用いることは、衛星との衝突可能性を高めるだけでなく、画像衛星の機能不全にするなど、自らの首を絞めることにも繋がる。したがって、今後各国が追求していく宇宙妨害能力は、衛星や地上施設、衛星中継能力などに対するジャミングやスプーフィングなど、ノンキネティックな妨害技術にシフトしていく傾向が強まると考えられる。そこで問題となるのが、これらの妨害手段の曖昧さである。ジャミング攻撃には、①人間には認識できず、②意図的な妨害か偶然の不具合かをリアルタイムに判別しづらく、③攻撃者のアトリビューションが困難であり、④攻撃が停止した時点で対象の機能が従来通り回復し、なおかつ⑤技術が拡散しており入手が容易という特性がある。これらの特性は、プロポーショナルな報復を正当化するレッドラインを曖昧にさせ、懲罰的抑止を困難にするという意味で、宇宙空間における「グレーゾーン」を生じやすくさせる。しかし、技術革新によってSSAの正確性・即時性を向上させることができれば、①〜③までの問題は改善・解消される可能性もあるだろう。
　日本では、2008年の宇宙基本法によって安全保障に関する宇宙利用が公に認められた。実態面では、GPSとの補完性を持つ国産の測位システム準天頂衛星（QZSS）の配備が始まっているほか、2017年1月27日に防衛省初となる防衛通信衛星の打ち上げが行われた。今後実務的な検討を深める上では、米戦略軍が実施するシュリーヴァー演習などへの参加を進めることが望まれる。技術面で言えば、ノンキネティックな妨害手段の拡散・研究開発が進んでいくことを鑑み、日本も民間企業などと協力して、自国の衛

星・地上通信施設などを防護するためのカウンタージャマーや、衛星の自律的な分散や再編を助けるAIやロボティクスなどの技術を、米国などとの技術協力を進めていくことなども有効なのではないだろうか。同時に、安全保障空間のクロスドメイン化が進む中、宇宙アセットへの妨害・攻撃に対する自衛権行使の問題を、地球上での問題とどのように区別するのか、より現実に即した検討をしていくことも課題と言えよう。

(2017年5月、初稿脱稿)

※2017年12月、日本政府は2018年に行われるシュリーヴァー演習に自衛隊を初参加させることを決定した。

註
1 米国の宇宙開発史については、鈴木一人『宇宙開発と国際政治』第1章(岩波書店、2011年)。
2 「第2のオフセット戦略」は、長期研究開発計画(Long-Range Research and Development Plan:LRRDP)の名称で行われ、エアランドバトルの源流となる初期のクロスドメイン作戦構想を生んだ。拙稿「米国の対中戦略の展望と課題」『海外事情』(拓殖大学海外事情研究所、2016年5月号)。
3 湾岸戦争以降の米軍の宇宙利用の詳細については、福島康仁「宇宙の軍事利用における新たな潮流」『KEIO SFC JOURNAL』(慶應義塾大学、Vol.15 No.2、2015年)。
4 イラク戦争では、イラク軍が米軍のGPS信号に対し電波妨害を試み、妨害設備の一部を米軍が破壊したことが確認されている。
5 Ian Easton, *The Great Game in Space*, Project 2049 Institute, June 24, 2009.
6 Joint Publication 3-14, "Space Operations," Joint Staff, Department of Defense, May 29 2013.
7 JIANG Lianju, *Space Operations Teaching Materials* (Beijing: Military Science Publishing House, 2013)及び、Dean Cheng, "U.S.-China Competition in Space," Testimony before Subcommittee on Space Committee on Science, Space, and Technology, U.S. House of Representatives September 27, 2016.
8 この経緯については、福島康仁「宇宙における連合作戦:米豪加英の取り組みと今後の見通し」『グローバル・コモンズにおける日米同盟の新しい課題』(日本国際問題研究所、2014年)。

変わりゆくサイバー空間での戦争

川口 貴久

はじめに

 防衛・安全保障分野においてサイバー空間は陸、海、空、宇宙に続く「第5の作戦領域（operational domain）」と位置付けられ、その重要性が高まっている。それは伝統的な意味での戦争という点でも、より広い意味での戦争（破壊活動、諜報活動等）という点においても重要性を増している。
 サイバー空間は人工的ドメインであり、まさに技術革新によって拡大・変容してきた。しかし、それは1つの決定的な技術革新*1によってもたらされたというよりも、数多くの技術革新による結果である。今日、サイバー空間はその通信量やデータ量、処理速度が爆発的に増加し、社会インフラや生活機器の基盤としての側面を強めている。こうしたサイバー空間の変容は、従来の戦争の方法を変えるだけでなく、新たな戦争の形態を生じさせている。
 そこで本稿では、変わりゆくサイバー空間での戦争*2について考察する。第1節で「サイバー空間」「戦争」の概念を整理する。その上で、第2節でサイバー空間のトレンドを俯瞰し、第3節ではサイバー空間における戦争の変容とそこで生じる問題点を論じる。

1．サイバー戦争

(1)サイバー空間：複雑な定義と単純なメカニズム

 サイバー空間の定義は複雑である。サイバー空間という用語はインターネットを想起させることが少なくないが、両者は同義ではない。「インターネット」は個別のネットワーク同士をつなぐネットワークだが、「サイバー空間」はインターネットを含め、クローズド・ネットワークや周辺デバイスを包含するものである。例えば、米国ブッシュ・ジュニア政権下の

国家安全保障大統領令54号（2008年1月8日）は、サイバー空間を「インターネット、通信ネットワーク、コンピュータシステム、重要産業に埋め込まれた処理装置・制御装置を含む、情報技術インフラの相互に依存したネットワーク」と定義する。

サイバー空間の定義は複雑だが、メカニズムは単純である。サイバー空間は極端に言えば、0と1がつくる二進法の世界である。10分の1ミリメートル前後の集積回路が電気信号のオン・オフを切り替えることで、0と1による論理の世界をつくっている。こうした論理がコンピュータ処理、電子データ、通信等の基本的なメカニズムとなっている。

ただし、サイバー空間はよく誤解されるが、決して「グローバル・コモンズ（世界規模の共有地）」ではない＊3。我々がサイバー空間と呼ぶとき、それは民間企業が保有・提供するデータストレージ、通信チャネル、通信・電子デバイスの集合体を指している＊4。サイバー空間は陸・海・空・宇宙の自然空間とは異なり、人の手で慎重に管理されなければ、維持されることさえままならないのである。

（2）2つの戦争

本章では「戦争」を2つの意味で捉える。1つは伝統的な意味での戦争（狭義の戦争）であり、サイバー空間でいえば、現実世界の軍事行動・武力攻撃と一体化したサイバー攻撃である。実際の軍事行動に先立ち、または軍事行動と一体化して、サイバー攻撃が用いられることに疑いの余地はない。こうした通常兵器による軍事行動とサイバー攻撃の一体化を、慶應義塾大学の土屋大洋は「CCC（Cyber-Conventional Combination）」と呼ぶ＊5。

もう1つは、破壊活動、転覆活動、諜報活動等のより広範な意味での戦争（広義の戦争）である。これは1999年に中国人民解放軍の将校らが提唱した、あらゆる手段による制限なき戦争、「超限戦（unrestricted warfare）＊6」ともいえる。こうした活動はサイバー空間のみで完結するサイバー攻撃であり、英国ロンドン大学キングス・カレッジ（当時）のリッド（Thomas Rid）は「完結したサイバー攻撃（stand-alone cyber attack）」と呼ぶ＊7。

なお日本政府の国会答弁では、武力攻撃とサイバー攻撃の関係について、①前者のような「武力攻撃の一環」として行われるサイバー攻撃は自衛権行使の要件となりうると位置付け、②後者の「サイバー空間のみで完結す

るサイバー攻撃」についても「実際に物理的な損傷に至る重大な攻撃かどうか」という観点も含めて武力攻撃と判断されうるとしている＊8。

図表 2つのサイバー攻撃

分　類	事　例
現実世界の軍事行動・武力攻撃と一体化したサイバー攻撃	シリア防空レーダー網への攻撃（2007年） ジョージアへのDDoS攻撃（2008年） 「イスラム国」への攻撃（2016年）　等
サイバー空間のみで完結するサイバー攻撃	エストニアへのDDoS攻撃（2007年） イランへのstuxnet作戦（2010年） 韓国金融機関・放送機関への攻撃（2013年） 米国SPE社への攻撃（2014〜15年） 米欧の国政選挙に関する攻撃（2016〜17年） 中国による米国民間企業等の営業秘密の窃取 その他重要インフラへの攻撃　等

出典：筆者作成

2．サイバー空間の2つのトレンド

　情報をデジタル化して保存する技術、情報を演算・処理する技術、デジタル情報を早く・大量に・安全に送る技術（通信技術、暗号化技術）等の多くの技術革新がサイバー空間を拡大、変容させている。それゆえ、本節では個別の技術革新そのものではなく、サイバー空間に関する2つのトレンドを紹介したい。

(1) サイバー空間の指数関数的な拡大と進化
　1つ目のトレンドは、サイバー空間の扱うデジタル情報が大きくなり、処理速度や通信速度が速くなり、そしてサイバー空間（正確にはインターネット）にアクセスする人が増加している点である。こうした増加は全て指数関数的である。
　調査会社International Data Corporationの推計（2012年12月）によれば、全世界のデジタルデータ量は2000年には6.2エクセバイト（＝62億ギガバイト（GB））であったが、2011年には1.8ゼタバイト（＝1.8兆GB）、2020年に

は40ゼタバイト（40兆GB）を超える。インターネット上にも無数の情報が溢れている。最近では、一般的な検索エンジンでは表示されない「ディープウェブ」、更に特殊な通信方法を用いなければアクセスできない「ダークウェブ」も爆発的に増加している。また通信ネットワークがアナログからデジタル方式に移行し、国家間通信は衛星を介した無線から海底ケーブルに代表される有線に移行した結果、ネットワーク上の情報量も増えている。

　コンピュータの処理速度、ストレージ容量、ネットワーク速度等のハード面での性能も指数関数的に向上している。最も有名な例は、米半導体メーカーIntelの創業者にして現名誉会長のムーア（Gordon Moore）が1965年に提唱した法則、「半導体の集積率［≒CPU処理速度］は18〜24か月で約2倍になる」というものである。このムーアの法則は恐るべきことに半世紀も続いている（ただし最近、この法則は鈍化傾向にある）。

　また、インターネット利用者も劇的に増加している。1995年にはインターネットに接続しているのは1000万人程度であったが、現在では約35億人が接続している。Google会長のシュミット（Eric Schmidt）の見立てでは、2025年には全世界80億人のほとんど、ほぼ全人類がオンラインに接続している状態が予想される。

（2）仮想空間から現実世界へ：社会インフラ、生活機器、言論空間

　サイバー空間をめぐるもう1つのトレンドは、サイバー空間が単に情報システムであることを超え、社会インフラ、生活機器、言論空間等の現実世界の基盤となっていることである。

　電力・水・通信・運輸等の重要インフラおよび重要資源（Critical Infrastructure/Key Resources: CIKR）の制御・運用には、サイバーインフラが不可欠なものとなっている。日本では13業界、米国では16業界が重要インフラとして指定され、これらインフラの基盤にサイバーインフラがあると指摘されている。そう考えると、我々の社会基盤のほぼ全てがサイバーインフラに依存していると考えて良い。

　また、重要インフラは情報系システムだけではなく、産業用制御システム（Industrial Control System: ICS）にも支えられている。ICSとは対象のシステムや機器を監視・制御するため機器群であり、工場等の製造ラインを制

御するFA（Factory Automation）と石油製品や電力等を制御するPA（Process Automation）が代表的である。1990年代にICSのオープン化が進み、従来の製造ベンダー独自のOSから汎用OSで動作するものが多く生まれ、保守やアップデートの観点からインターネットに接続されるようになった*9。こうした流れはICSのサイバーリスクを高めている。

現代社会のバックボーンとなる重要インフラだけでなく、「モノのインターネット（Internet of Things: IoT）」の進展に伴って、身近な機器もリスクにさらされている。近年、「コネクテッドカー」と呼ばれる、ネットワーク回線を通じてインターネットに接続された車両が急増しつつある。しかし、こうした通信機器はサイバー攻撃の侵入経路となりうるため、自動車に対するサイバー攻撃が懸念されている。また2020年頃を目途に普及が見込まれる、次世代電力量計（スマートメーター）もサイバー攻撃の経路となりうる。スマートメーターを端緒とするサイバー・ハルマゲドンをリアルに詳述したのが、ドイツ人ジャーナリストのエルスベルグ（Mark Elsberg）による小説『ブラックアウト』（KADOKAWA）である。

重要インフラや生活機器に加えて、言論空間もサイバー空間が大きな意味を持っている。既存メディアがインターネット上でコンテンツを提供しているだけでなく、TwitterやFacebookがメディアや言論空間としての影響力を高めている。

3．変容する戦争

（1）キネティックな軍事行動と一体化するサイバー攻撃

「狭義」のサイバー戦争は既に始まっている。サイバー空間が拡大・進化し、現実社会の基盤となるにつれ、軍もサイバー空間を統括する組織を設置するようになった。米国では1980年代から軍における情報化が推進され、1990年代半ばには「ネットワーク中心の闘い（Network-Centric Warfare: NCW）」が提唱された。しかし、サイバー戦を遂行する単一の統合軍が誕生したのは比較的最近である。2009年6月、米国サイバー軍（Cyber Command: CYBERCOM）の設置が指示され、2010年5月に運用を開始した。従来、CYBERCOMは戦略軍隷下の準統合軍であったが、2017年8月、正式な統合軍への格上げが決定した。

中国でも2011年5月、中国国防部・耿雁生報道官は人民解放軍内にサイバー部隊の存在を認めた。習近平国家主席の進める軍改革の中、2015年12月、「戦略支援部隊」（陸・海・空・ミサイルに並ぶ5軍種の1つ）が創設され、電子戦、サイバー戦、宇宙戦を統括しているとみられる。

　実際、現実世界のキネティックな軍事行動と一体化したサイバー攻撃は既に確認されている。2007年9月、イスラエルはシリア国内施設の空爆に先立ち、サイバー攻撃によりシリアの防空システムを無効化したとされている。また2008年8月、ジョージア領・南オセチアの帰属をめぐってロシアとジョージア（旧グルジア）で戦闘が発生する中、ロシアはジョージア政府機関や公共機関のウェブサイトをDDoS攻撃で停止に追い込み、ジョージア政府は少なくとも対外発信能力や国内動員能力を削がれた。

　「テロとの闘い」でもサイバー攻撃は活用されている。2016年2月、CYBERCOMは対「イスラム国（Islamic State: IS）」作戦で、サイバーツールが成果を上げていることを主張した。当時のカーター（Ashton Carter）国防長官によれば、米軍はISの指揮統制やコミュニケーションを妨害し、勧誘・宣伝ウェブサイトを閉鎖することに成功している。

　「狭義の戦争」としてのサイバー攻撃は重要性を高めているが、これは2つの問題をはらんでいる。1つは、サイバー戦能力を高め、サイバー空間への依存度が高くなれば、それだけ脆弱性も大きくなるという点である。逆にサイバー空間に依存していない国はサイバー攻撃を行うことはできないが、サイバー攻撃の被害にあうリスクも小さい。もう1つは、サイバー空間の「パワーパラドックス」である。これは、敵対する2か国が相互にサイバー攻撃の脆弱性を認識していたとしても、サイバー空間は「攻撃優位（offence-dominant）」であり、常に先制攻撃の誘因が働くため、相互に抑止が効きにくい状況を指す*10。結果、サイバー空間への依存が高くなっているにも関わらず、サイバー戦争のリスクが常に存在することになる。

（2）サイバー空間のみで完結する攻撃：多様化・拡大するサイバー戦線

　サイバー空間が拡大・深化し、現実社会の基盤としての側面が強くなるにつれ、新たな「サイバー戦線」が拡大している。具体的には、①重要インフラに対するテロ・破壊活動、②サイバー攻撃と既存メディア・SNSを組み合わせた転覆活動、③機密情報の諜報活動、④通信情報の監視活動

等である*11。これらは「広義」のサイバー戦争と呼べる。

①破壊活動：サイバー空間の「グレーゾーン事態」

前述のとおり、サイバー空間が社会インフラや生活機器のバックボーンとなるにつれ、サイバー攻撃による重要インフラへのテロ・破壊活動*12が可能となっている。

重要インフラに対する攻撃の可能性は従来から指摘され、既に1982年、米国はソ連の天然ガスパイプラインをマルウェアで爆発させたとみられている。最近では、産業用制御システム（ICS）のオープン化等に伴い、社会インフラのリスクがいっそう高まっている。例えば、ウクライナの電力網やイスラエルの電力公社が敵対国からとみられるサイバー攻撃により電力供給ができなくなった。国際空港や上下水道システムに対するサイバー攻撃も明らかになっている。

破壊活動のもっとも有名な例は、Stuxnetによるイラン核関連施設への攻撃である。このマルウェアは米国とイスラエルが共同で開発したとみられ、イラン国内のウラン濃縮用の遠心分離器をサイバー攻撃によって破壊し、イランの核開発プログラムを遅延させることを狙っていた*13。

問題はこうした破壊活動全てを直ちに「武力攻撃」「国際法上の戦争」とは言えないが*14、単なる犯罪としても位置付けられない点である。重要インフラに対するサイバー攻撃は純然たる「有事」とも「平時」とも言えず、2015年の平和安全法制（日本）や日米新ガイドラインが重要視する「グレーゾーン事態」である。

②転覆活動：「代理人」による政府機能・政治制度への攻撃

転覆活動はサイバー空間を通じて対象国・政府の機能や正統性を貶めるサイバー攻撃である。転覆活動はまさに「超限戦」の一種であり、「広義の戦争」といえるが、一部の攻撃は武力攻撃に相当するとの見方もある。2007年4月、エストニア政府・銀行等のウェブサイトがロシア国内を発信源とする大規模なDDoS攻撃に遭い、アクセスができなくなった。あるエストニア政府関係者が主張したところによれば、DDoS攻撃の規模や期間等が「湾港の海上封鎖（戦争行為）」と似た効果をもたらすのであれば、DDoS攻撃は北大西洋条約5条のコミットメント（集団的自衛権）を発動させる事態として扱うべきである*15。

最近注目を浴びている転覆活動は、サイバー攻撃とプロパガンダを組み合わせた選挙介入である。対象国の政治的正統性を失墜させるプロパガンダ工作は昔から存在したが、今日では新しい手法（サイバー攻撃、SNS）と融合した結果、現実社会に大きな影響力を与えている。これもサイバー空間を通じた戦争の新しい局面といえる。

　この攻撃を有名にしたのは2016年11月の米国大統領選挙である。米国家情報長官室がまとめた報告書によれば、ロシアはトランプ（Donald J. Trump）大統領候補を当選させるため、サイバー攻撃で得られた対立候補のクリントン（Hillary R. Clinton）氏に関する情報をリークし、真偽を織り交ぜながら、国営放送、ラジオ、プロパガンダサイト、SNSを用いて、反クリントンキャンペーンを展開した[16]。マケイン（John McCain）米上院議員は公聴会で「ロシアの介入で選挙結果が変わっていたとすれば、これは戦争行為か」と問題提起した。

　同様に、2017年の欧州におけるフランス大統領選挙も、特定候補者がサイバー攻撃とプロパガンダ工作を受けたと報道された。こうした選挙介入は特定候補を利するという短期的目標だけでなく、西欧の民主制度の正統性を貶めることに狙いがある。同じく国政選挙を控えていたドイツのある専門家は「ロシアによる選挙介入があれば、欧州各国は北大西洋条約5条を発動すべきである」とさえ主張する[17]。西側先進国の選挙プロセスでSNSやインターネット媒体の重要性が増すにつれ、こうした脅威はますます高まっている。

　エストニアへのDDoS攻撃にせよ、米国大統領選挙への介入にせよ、全てを政府機関が実行した訳ではない。愛国的青年集団や犯罪者等、サイバー攻撃を行う「代理人（proxy）」の存在が指摘されている。「代理人」が介在することで、政治的なアトリビューション（attribution、サイバー攻撃の発信源の特定）はますます複雑化している。

③諜報活動：機密情報の大量窃取による技術的優位の逆転

　サイバー空間における諜報活動は少なくとも30年以上の歴史がある。インターネットが普及していなかった1986年8月、ソ連KGBに雇われた西ドイツ人のハッカーが米国防総省のネットワークに侵入し、ミサイル防衛に関する機密を盗みだした[18]。この顛末を当事者として描いたのが、ストール（Clifford Stoll）による『カッコウはコンピュータに卵を産む（The Cuckoo's

Egg)』(草思社)である。

　その後、情報の電子化とインターネットの拡大によって、サイバー空間における諜報活動も劇的に拡大した。サイバースパイ活動は最新鋭の軍事情報から企業の営業秘密(trade secret)にまで及ぶ。米国民間セキュリティ会社Mandiant(現 Fire Eye)の報告書によれば、中国の人民解放軍は単一の攻撃目標から6.5テラバイトのデータを入手した[19]。これは平均的な新聞紙朝刊の約2万年分の情報量に相当する。一部の報道によれば、米軍の最新兵器に関する機密情報もターゲットになっていた可能性がある。

　こうしたサイバー諜報活動は、単独組織や一時的な取り組みではなく、戦略的な国家プロジェクトとしての側面がある。特に、中国はサイバー空間を通じた窃取活動を体系的・戦略的に実行しているとみられる[20]。このような高度な機密情報を狙うサイバー攻撃は技術開発の優位性を逆転させ、投資対効果という意味では莫大な利益をもたらしている。

　こうした諜報活動とその他の活動は表裏一体であり、境界は曖昧である。米国土安全保障省の元高官が言うには、サイバー空間における軍事行動と情報活動の区別は、米国国内法の根拠としても困難な問題であるという。本来、軍事行動は合衆国憲法第10編に、諜報活動は第50編に従う。しかし、サイバー空間では両者の区別が難しい[21]。

④監視活動：安全保障とプライバシーの均衡

　前項のサイバー諜報活動は従来の諜報活動をサイバー空間に延長したもので、盗み出す情報の規模は伝統的な諜報活動を圧倒している。しかし、デジタル通信情報の爆発的増加にともなって、こうした通信情報を網羅的に監視し、テロや敵対行為を未然に予防するという新たな諜報活動の必要が生じた。これは監視活動(surveillance)と呼べる。

　監視活動は(前項の諜報活動とは異なり)対象者を限定せず、あらゆる通信情報やインターネット情報を監視するものである。米NSAが「全ての情報を収集する(collect it all)」の標語のもと監視を行ってきたことは有名である。それは、膨大な情報の構造化・ビッグデータ処理、メタデータ[22]からの監視対象の抽出・評価、テキスト分析評価等の技術革新によって可能になったと考えられる。

　だが、テロリストや犯罪者達は傍受されにくい通信手法を確立しようとしている。もっとも有名な手法は、インターネット通信の接続経路を匿名

化する「Tor（The Onion Routing）」である。Tor等の特殊な通信でなければアクセスできない「ダークウェブ」の存在は監視を困難にしている面がある。

　監視活動は古典的な問題、安全保障とプライバシーの均衡を惹起している。エドワード・スノーデン（Edward Snowden）による膨大な機密情報の漏えい（2013年6月）では、米NSAが国家安全保障に必ずしも必要とはいえない情報を収集していた可能性が明らかになった。万人が「均衡」に賛同することは間違いないが、実務的には困難な問題である。

おわりに　サイバー空間の将来

　このようにサイバー空間はそれ自体（デジタル情報量、処理速度、通信速度）が指数関数的に拡大・進化するとともに、現実世界の重要インフラ・生活機器・言論空間を支えるバックボーンとなっている。

　結果として、「狭義」のサイバー戦争、現実世界の軍事行動・武力攻撃と一体化したサイバー攻撃は既に事実として発生している。またサイバー空間のみで完結する「広義」のサイバー戦争という意味では、破壊活動、諜報活動、監視活動、転覆活動等の新たな「サイバー戦線」が拡大している。サイバー空間の拡大・進化は伝統的な戦争とサイバー攻撃を結びつけ、サイバー空間での新しい戦争形態を生じさせている。

　本稿が論じたサイバー戦争の変容は、歴史における一時点を断片的に切り取ったものである。コンピュータ処理速度や通信速度の指数関数的進化の終焉、クラウドコンピューティングの進展、通信の暗号化・匿名化技術の進展、人工知能関連技術の進化、インターネットの断片化（権威主義的国家によるフィルタリングやインターネット分離）等の今後の技術革新（あるいは革新の停滞）は、サイバー空間の戦争と平和に大きな変化をもたらすだろう。今後も我々は「変わりゆくサイバー空間での戦争」を考え続ける必要がある。

　ところで、本章でとりあげた分析はあくまでサイバー空間という既存パラダイムの中での技術革新である。サイバー空間のパラダイムを一変させる技術革新（もはやそれは革命）も指摘されている。最も有名な例は量子コンピュータの誕生である。

従来のコンピュータは基本単位を「ビット」とし、1か0の状態を保持することで計算を行う。他方、量子コンピュータの基本単位は「量子ビット（quantum bit: qubit）」とし、1、0、あるいは「1かつ0」の状態を同時に複数保持しながら演算が可能である*23。仮に量子コンピュータが実用化されれば、既存のサイバー空間が前提とする二進法の世界を超越し、サイバー空間の戦争と平和のバランスに「革命」をもたらす可能性を秘めている。

（2017年5月末日脱稿）

註
1 それでもなお決定的技術革新をあげるならば、インターネットに関する2つの革新であろう。1つは、インターネット上の住所を割り振る仕組み（アドレシング・システム）である。これは1982年にポステル（Jonathan B. Postel）らが開発し、一般にドメインネームシステム（Domain Name System: DNS）として知られている。もう1つは、ヴィント・サーフ（Vinton Gray Cerf）とロバート・カーン（Robert E. Kahn）が発明し、1974年に詳細設計・仕様を公開したインターネットの通信規格（TCP/IPプロトコル）である。
2 サイバー戦争は国際政治学、安全保障論、戦略論の観点から検討されている。最近の研究は、Ben Buchanan, *The Cybersecurity Dilemma: Hacking, Trust and Fear Between Nations*, New York: Oxford University Press, 2017; P. W. Singer & Allan Friedman, *Cybersecurity and Cyberwar: What Everyone Needs to Know*, New York: Oxford University Press, 2014, pp.120-147; Thomas Rid, "Cyber War Will Not Take Place," *Journal of Strategic Studies*, Vol.52, No.1, 2012, pp.5-32; Paul Rosenzweig, *Cyber Warfare: How Conflicts in Cyberspace Are Challenging America and Changing the World*, New York: Praeger Security International, 2013; Jason Healey, eds., *A Fierce Domain: Conflict in Cyberspace, 1986 to 2012*, New York: CCSA Publication, 2013.
　なお紙幅の関係で詳細は触れないが、サイバー戦争は情報戦（information warfare）や電子戦（electronic warfare）と親和性が高く、厳密に区別されない場合もある。情報戦とは、情報技術分野の「軍事における革命（Revolution in Military Affairs: RMA）」を背景とする、指揮・統制・通信・コンピュータ・情報・監視・偵察（C4ISR）を重視した作戦概念である。電子戦とは、電磁波に関する作戦概念である。サイバー戦と情報戦、電子戦は重なり合う領域が大きい。
3 Singer & Friedman, *Cybersecurity and Cyberwar*, pp.12-15.
4 土屋大洋『サイバーセキュリティと国際政治』（千倉書房、2015年）、131〜135頁。

5 土屋大洋『サイバーテロ』(文春新書、2012年)、37頁。
6 喬良、王湘穂『超限戦：21世紀の「新しい戦争」』坂井臣之助・劉琦訳(共同通信社、2001年)。
7 なおリッドによれば、クラウゼヴィッツ的な「戦争」の定義に照らし合わせると、これまでサイバー戦争（サイバー空間のみで完結する戦争）は起きなかったし、現在も起きておらず、将来においても起きる蓋然性は低いと主張する。彼によれば、戦争とは①暴力を伴い、②政治目標を達成する手段であり、③（②に関連して）政治的目標を持つという点からして、サイバー空間で完結する攻撃がクラウゼヴィッツ的な「戦争」レベルに達する見込みは低い。しかし、サイバー攻撃が単独で暴力性（死傷者）を伴っていないから戦争ではないというのは、単に戦争の定義を狭くとられていると言わざるを得ない。
Rid, "Cyber War Will Not Take Place," pp.7-10, 29.
8 第185回参議院予算委員会1号（平成25年10月23日）の安倍晋三内閣総理大臣の答弁、第192回衆議院内閣委員会第3号（平成28年10月21日）の宮澤博行防衛大臣政務官の答弁。
9 中谷昌幸「産業用制御システムのセキュリティについて」『リスクマネジメント最前線』第16号、東京海上日動リスクコンサルティング株式会社（2015年9月7日）。
10 David C. Gompert, and Phillip C. Saunders, "Mutual Restraint in Cyberspace," in *Paradox of Power: Sino-American Strategic Restraint in an Age of Vulnerability*, Washington D.C.: National Defense University, 2011, pp.115-151. 他方、米国はある一定条件下でサイバー抑止が機能すると認識してきた。川口貴久「米国のサイバー抑止政策の刷新：アトリビューションとレジリエンス」『Keio SFC Journal』第15号、第2巻、2016年3月、78〜96頁。
11 前述のリッドは、厳密な意味でのサイバー「戦争」は存在しないものの、「破壊活動（sabotage）」「諜報活動（espionage）」「転覆活動（subversion）」の3つの領域でサイバー攻撃は活性化していると結論づける。本稿では、諜報活動と監視活動（**surveillance**）を分けて論じている。Rid, "Cyber War Will Not Take Place," pp.6-7, 29.
12 こうしたインフラに対する攻撃はコード（サイバー攻撃）に限定されない。核の高高度爆発等による電磁パルス（Electromagnetic Pulse: EMP）は地上の電子機器を破壊する効果があることが確認されている。一政祐行「ブラックアウト事態に至る電磁パルス（EMP）脅威の諸相とその展望」『防衛研究所紀要』第18巻、第2号、2016年2月、1〜21頁。
13 David E. Sanger, *Confront and Conceal: Obama's Secret Wars and Surprising*

Use of American Power, New York: Crown, 2012, pp.188-225.

14 あるサイバー攻撃が武力攻撃に該当するかどうかは基本的にケースバイケースであり、規模（scale）と影響（effect）を勘案する必要がある。サイバー攻撃による破壊活動のうち、キネティックな軍事行動と同様の効果（物理的被害等）をもたらすものは武力攻撃と認定されうる。ただし、国際法学者によればStuxnet作戦のような顕著な破壊活動であっても、これを「武力攻撃」とする見方は少数派である（多くの国際法学者はStuxnet武力攻撃未満の「武力行使」と位置付けた）。Michael N. Schmitt, eds., *Tallinn Manual 2.0 on the International Law Applicable to Cyber Operation*, Cambridge: Cambridge University Press, 2017, pp. 339-340.

15 James A. Lewis, "Thresholds of Uncertainty: Collective Defense and Cybersecurity," *World Politics Review* (June 11, 2013)

16 Office of the Director of National Intelligence, *Background to "Assessing Russian Activities and Intentions in Recent US Elections": The Analytic Process and Cyber Incident Attribution*, 2017.

17 Thorsten Benner & Mirko Hohmann, "Europe in Russia's Digital Cross Hairs: What's Next for France and Germany and How to Deal With It," Snapshot on *Foreign Affairs*, 2016.

18 Healey, *A Fierce Domain*, pp.28-30.

19 Mandiant, *APT1: Exposing One of China's Cyber Espionage Units*, 2013.

20 例えば、ウィリアム・C・ハンナス他『中国の産業スパイ網』玉置悟訳、草思社、2015年 ; Phillip C. Saunders and Joshua K. Wiseman, *Buy, Build, or Steal: China's Quest for Advanced Military Aviation Technologies*, Washington D.C.: National Defense University, 2011.

21 Rosenzweig, *Cyber Warfare*, pp.53-54.

22 通信情報は「コンテンツ」と「メタデータ」に大別できる。「コンテンツ」とは通信内容そのものであり、「メタデータ」とは通信に付随する情報である。電話を例にとると、メタデータとは発信元・先の番号、通話時刻、通話時間などである。メタデータは構造化しやすく、大量のデータ処理は比較的容易である。

23 量子コンピュータは2つの形式に大別される。1つはゲート方式で原理的にはあらゆることに適応可能だが、現状、アルゴリズムが作成されているのは素因数分解や機械学習等の分野である（暗号解読等に適応可能）。もう1つは量子アニーリング形式で、最適化問題等に限定されるが、既にカナダのベンチャー企業D-Wave社が2000量子ビットのシステムを実現している。

脳・神経科学が切り開く新たな戦略領域

土屋 貴裕

はじめに　ニューロ・セキュリティ:「第6の戦略領域」における安全保障

　脳・神経科学(ブレイン・ニューロ・サイエンス)や認知心理学の分野における研究が進むに従って、社会科学領域における応用が進みつつあり、政治・経済、外交、軍事・安全保障分野においても新たな研究領域が開拓され始めている。それに伴い、軍事・安全保障分野においても、人工知能や人間の脳(ブレイン)、精神(マインド)、神経(ニューロ)が陸・海・空・宇宙・サイバーに次ぐ「第6の戦略領域」となりつつある*1。

　人間の身体や脳や神経への攻撃は、物理的な殺傷や生物兵器、VXガスやサリンなど化学兵器だけではない。熱波や音波、電磁波などによる接近拒否や攻撃、制御などに加え、ニック・バーチ(Begich, Nick, 2006)が紹介したような、直接的な脳への情報伝達(テレパシー)やマインド・コントロールなど、SF映画さながらの技術が研究開発されている*2。さらに、それらは近年の脳・神経科学の進展により、既に実用段階に入ってきている。

　脳・神経科学分野の進展に伴うこうした技術は、これまで空想科学やオカルト(超常現象)のように語られてきた。しかし、科学的に現実のものとなっているだけでなく、民間における平和利用はもちろん、軍事利用される可能性が極めて高い。それは、物理的な殺傷を伴わず、またサイバー戦争のように情報やインフラへといった間接的な対象ではなく、敵兵士に対して遠隔かつピンポイントに攻撃や制御が可能だからである。

　我々人間の脳・神経は、外界からのあらゆる情報を収集、処理し、外界に対する攻撃や防御などを含む様々な行動指令を行っている。換言すれば、脳・神経は、人間の身体の中でも司令部系統に属する「領域」である。同領域をめぐって様々な軍事的活動が展開されるとすれば、それは、陸・海・空・宇宙・サイバーと並ぶ「第6の戦略領域」として「新たな戦場」に

なり得るだろう。

　軍事・安全保障分野では、従来から、1998年にティモシー・トーマス（Thomas, Timothy L.）が「精神にはファイアウォールがない（The Mind Has No Firewall）」と指摘するなど、兵器ではなく兵士そのものへの攻撃が議論されてきた*3。こうした脳・神経科学分野の安全保障・軍事分野への応用に関する研究は、近年、米国や北大西洋条約機構（NATO）で急速に進められており、中国もそれに追随し始めている。

　そこで本章では、米国における「マインド・ウォーズ」、あるいは「ブレイン・ウォーズ」といった概念に基づく脳・神経科学技術に関する研究・開発や軍事・安全保障領域への応用と、中国における脳・神経科学分野の軍事領域への応用の現状を説明する。その上で、脳・神経に関する科学技術の軍事利用がもたらす脳・神経倫理学上の問題について考えてみたい。

1．米国の「マインドウォーズ」

(1)米国における脳・神経科学の軍事・安全保障分野への応用

　米国においては、ジョナサン・モレノ（Moreno, Jonathan D.）が2006年の段階で、著書『マインド・ウォーズ』を記しているように、脳・神経科学や認知心理学の軍事・安全保障分野をはじめとした諸分野への応用はかなり早い段階からなされている。

　たとえば、国際政治における認識と誤認という心理学的アプローチの分野については、ロバート・ジャービス（Jervis, Robert., 1976）の『国際政治における認知と誤認』が先駆的な業績として挙げられる*4。同書は、政策決定者の認知に焦点を当て、政策決定者が不確実性に満ちた複雑な国際環境をどのように認識・理解、あるいは誤認するのかについて、認知心理学的アプローチから研究した。ジャービスは、同書で認知不協和や歴史の教訓、抑止状況のエスカレーションなどの議論を体系的にまとめ、政策決定者の誤認が多くの国際紛争を招いてきた事例を紹介している。

　また、冒頭で言及したように、トーマスは、1998年の段階で、エネルギー兵器や向精神性兵器など、人体の刺激処理能力に変化を起こさせる発明について取り上げ、兵士の装備ではなく、個々の兵士そのものが攻撃対象となった時には、「情報戦争」という言葉で表されるようなやり方では用

をなさない、と指摘している*5。

その上で、トーマスは、人間の心と体を「情報」と「情報処理装置」と考え、体は騙すことも、操作することも、そこに誤った情報を伝えることもできるだけでなく、他の情報処理システムと同様、遮断したり、破壊したりすることができるため、何らかの形のファイアウォールで守らなければならないと主張した。

現実社会における脳・神経科学分野の様々な分野への応用については、2009年の段階で、ザック・リンチ（Lynch, Zakk., 2009）が『ニューロ・ウォーズ』を著わし、先駆的かつ網羅的な考察を行っている*6。とりわけ、軍事・安全保障分野への応用については、以下のようにまとめられている。リンチによれば、「精巧なニューロ兵器の開発が恒久的な緊張状態をつくり出そうとしている。ニューロ戦争が起これば、大きな不安が生まれ、さまざまな議論が巻き起こり、最終的にどんな結末が待ち受けているのかと憶測が乱れ飛ぶことになるだろう。感情探知システムが公共の場のいたるところに設置され、地球規模とも言える監視ネットワークがテロリストや犯罪者を洗い出すようになる。高い身体能力をもった戦闘員を育成するため、筋力やスタミナ、認識力を増強し、戦闘即応性を高める方法が一般的になるだろう。未来の兵士は潜在能力を審査され、次世代型増強剤によって能力を改善される。この新しい増強剤にくらべれば、現在の増強剤など小児用アスピリンに等しい。そうした兵士は、たとえば記憶を操作する技術を武器に戦うことになる」という*7。

（2）ブレイン・コンピュータ・インターフェースと民間の研究開発

ブレイン・コンピュータ・インターフェース（Brain-Computer Interface: BCI）とは、脳信号を読み取り、あるいは脳へ刺激を与えることによって脳と機械（コンピュータ）との情報の伝達を行うプログラムや機器を指す*8。このBCIの先駆けとなったのは、1973年に発表されたカルフォルニア大学ロサンゼルス校（UCLA）のジャック・ヴィダル（Vidal, Jacques J., 1973）による脳波を用いた直接的なコンピュータ入力に関する研究論文である*9。

それ以来、同研究に影響を受けて多くのアイデアが出され、様々なアプローチから研究開発が進められてきた。40年以上が経過した今日、BCIは既に実用段階に入っており、たとえば、既に、脳波信号や生体シグナルの

センサー技術は、人間の意識的な思考や無意識の感情を表す脳波まで検知できるレベルに到達している。たとえば、脳波で操作するラジコンヘリコプターが登場したことは記憶に新しい[*10]。

さらに、2016年4月および翌2017年4月には、米国フロリダ大学で、世界初の脳波で操作するドローンの大会が開催されるまでに至っている[*11]。まだ規模は大きくないものの、こうした大会の開催は、米国のみならず中国など世界で大きな衝撃をもって報じられた。こうしたことから、リンチの描く社会的な不安や緊張が現実のものとして我々に想起される日は決して遠くないように思われる。

また、2016年4月、フェイスブック（Facebook）の創設者であるマーク・ザッカーバーグ（Zuckerberg, Mark E.）は、グーグル（Google）社の先端科学技術計画（Advanced Technology and Projects）グループの責任者であったレジーナ・ドゥーガン（Dugan, Regina E.）とともに研究開発部門「Building 8」を立ち上げた[*12]。この研究部門では、現在、60名以上の技術者らが脳の神経信号を用いたBCIの研究開発を進めていると見られる。

さらに、米国の電動自動車メーカーであるテスラ（Tesla）社および民間の宇宙企業であるスペースX（Space X）社の創設者、イーロン・マスク（Musk, Elon）も、2015年10月、人間の脳と人工知能（AI）を繋ぎ、脳のニューロンに直接働きかける広帯域のインターフェース「ニューラル・レース」（neural lace）を開発する構想を明らかにした。2017年3月には、同氏は医学研究企業「ニューラル・リンク」（Neuralink）を立ち上げた。

ニューラル・リンク社は、「ニューラル・レース」構想を具体化して、てんかんやパーキンソン病などの治療を目的に、脳にAIを組み込む技術の研究開発に着手している[*13]。長期的には、電極を移植して人間の大脳から個人の記憶をダウンロードしたり、逆に情報をインプットしたりすることで、脳の潜在能力を引き出し、増大させることを企図していると言われている。

(3)米国における軍事・安全保障分野への応用研究

他方、モレノは、神経イメージング装置などのハイテク神経科学から派生した技術の国家安全保障への応用可能性を考察する一方で、連邦政府が行動科学に長きにわたって関心を抱いてきた経緯も歴史的に振り返ってい

る。実際、米国における国防、インテリジェンス分野における神経科学の応用は、民間における研究のみならず、政府の財政的補助によって進められてきており、今後更なる戦略的な支援が重要になる分野と見られている*14。

　特に、脳・神経科学に関する重要な研究は、米国防総省の財政的支援によって行われている。それを中心的に進めているのが、最先端科学技術の軍事分野への応用に関する研究開発を行っている米国国防総省高等研究計画局（Defense Advanced Research Projects Agency: DARPA）であることは有名である。DARPAのジャスティン・サンチェス（Sanchez, Justin）生物技術室室長によれば、1970年代からBCI技術を研究開発してきたが、情報技術が進展した2000年代前半から本格的に投資を開始し、数億ドルかけて「神経科学」（Neuroscience）を「神経技術」（Neurotechnology）へと変えてきている*15。

　2017年7月には、DARPAは神経工学システムデザイン（Neural Engineering System Design: NESD）プログラムの一環として、2015年に創設されたばかりの広帯域ニューラル・インターフェース開発企業であるパラドロミクス（Paradromics）社と5つの大学やシンクタンクなどの学術研究グループに対して、合計6,500万米ドルの資金を提供することを明らかにした*16。

　DARPAが資金提供を行ったNESDプログラムは、ホログラフィック顕微鏡による神経活動の検知や視覚の代替、LEDを使った視覚の回復、極小のチップを大脳に移植するによる脳内の会話の処理解読やコミュニケーションなどを目指している。DARPAはこのプログラムを将来の知覚回復療法をサポートするシステムを作り上げる基礎研究や要素技術研究の推進を目的としているが、健常な兵士の能力拡張に用いられることも当然想定し得る。

　こうした脳・神経科学の軍事利用について、中国共産党中央委員会の機関紙『人民日報海外版』は、「脳コントロール技術は未来の軍用領域にも大きな将来性があり、意識を通じて『機械の戦士』を遠隔操作し、兵士の代わりに戦場で戦わせることで、兵士の死傷率を下げることができる」と評している*17。加えて、「機械の戦士」は遠隔操作されていることから、ドローンなどと同様に攻撃主体の特定も困難になる可能性がある。

　実際には、遠隔操作される「機械の戦士」だけでなく、現場に赴く兵士

自身もSF映画さながらの拡張された能力を有することが想定され得る。その一例としては、敵に気づかれることなく、テレパシーや遠隔通信によって、脳や視覚に直接的かつリアルタイムな司令部との通信が可能になるかもしれない。こうした技術は既に現実のものとなり始めている。

２．脳・神経科学の軍事分野への応用に取組む中国

翻って、中国も脳・神経科学の軍事領域における応用を積極的に取り組み始めている。2014年3月、中国国務院の直属機関で、ハイテク分野や自然科学の最高研究機関である中国科学院は、脳・神経科学研究所内に「脳科学およびインテリジェンス技術エクセレンス・センター」を創設した[18]。同センターは、脳・神経科学に関連する基礎研究や医療分野、新技術の研究開発、人工知能分野、コンピュータ・システム分野を包括的に扱っている[19]。

また、同センターは、中国の脳科学およびインテリジェンス技術の研究分野の専門家のプラットフォームとして、国内の関連する研究機関と協力して研究を進めている。当然その中には、軍医大学や国防科技大学の研究者も含まれており、現在、中国が国家戦略の一環として進めている軍と民間との技術の協力・強調を促進する「軍民融合」の枠組みの中で、これら技術を軍事分野に応用することも併せて検討されていると見るべきであろう。

2015年11月には、軍と政府の10部門が共同で「医学・科学技術の軍民の深い融合・発展の全面的な推進に関する指導意見」を印刷・配布した[20]。同「意見」は、習近平国家主席の軍民の深い融合・発展という重大な戦略思想を徹底的に実行するため、国家レベルのマクロな全体計画の調整や政策指導を強化し、軍の医科学技術を民間のイノベーションという土壌に根を下ろし、国防と医科学技術の発展を合わせて推進することを目的としている。

同「意見」では、脳科学やバーチャル・リアリティー、バイオマテリアル（生体材料）、ビッグデータなどの多くの領域において、あらゆる要素で、高効率的な軍民の深い融合・発展メカニズムを構築することを加速することが掲げられている。このように、中国は軍や政府主導により、脳・神経

科学分野における研究開発を民間と一丸となって進めようとしている。
　事実、2016年8月には、脳・神経科学分野を応用した装備の研究開発のため、北京市にある北方工業大学が、2007年に設立された民営の軍事工業企業である中博龍輝科技有限公司と共同で「軍民融合インテリジェンス装備研究院」を発足し、2016年11月3日に正式に看板を掲げた*21。同研究院は、海軍装備研究院、陸軍装備部、ロケット軍装備研究院（96658部隊）、軍事工業企業など軍関連機関の支援を受けていることが明らかにされている*22。
　同研究院の創設は、「軍民融合」という国家戦略の下、軍事技術の民間転用（軍転民）や民間による軍の科学研究成果の転用促進、軍民融合による専門的な人材の育成、大学の関連分野における技術的な革新や発展を企図している*23。同研究院では、国防ニーズに基づき、まずは、軍用バッテリーや人工知能、無人システム、軍用脳科学、特殊環境保護等の分野における課題について研究することが示されている*24。

おわりに　問われる脳・神経倫理学からのアプローチ

　以上のとおり、脳・神経科学が切り開く新たな戦略領域は、人間の脳・神経それ自体である。
　また、それが様々な形で増強され、あるいは機械やコンピュータと結合することにより、既存の陸、海、空、宇宙、サイバー空間という戦略領域においてもいわゆる「サイボーグ」（cyborg）化した兵士が活躍する可能性がある*25。この背景には、ノーバート・ウィーナー（Wiener, Norbert, 1948, 1965）が提起した生物と機械の制御・通信・情報処理などを区別せず統一的に扱うサイバネティックス（cybernetics）の学問体系が根底にある*26。
　本章で概観したように、BCIの研究開発は、いずれも人間の脳と機械やコンピュータとを繋いで、外部の情報を脳に直接入力し、また脳が処理する情報を外部に出力することを目指しており、数年から十年程度後には実用段階に入ることが見込まれる。しかし、BCIを介して脳と機械が繋がるということは、機械を破壊したりプログラムを書き換えたりすることにより、脳に損傷を与える可能性があることをも意味している。
　さらには、サイバー空間が既存の陸・海・空・宇宙という4つの戦略領

域を大きく変化させたように、脳・神経科学が直接的、あるいはサイバー空間を媒介にして、既存の戦略領域を大きく変える可能性を秘めている。しかし、モレノが指摘するように、「ニューロ・サイエンス時代」が到来しているものの、国家安全保障への応用については国際的な議論が始まったばかりである＊27。

　米国は、既にこうした脳・神経科学の最先端の研究成果や技術を軍事分野に応用すべく、政策的に研究・開発を進めており、DARPAをはじめとする政府の財政的支援が軍事・安全保障分野における脳・神経科学の応用に大きな役割を果たしている。とりわけ、米国における「マインド・ウォーズ」、あるいは「ブレイン・ウォーズ」といった概念は、実際の技術先行で進められてきている。

　中国でも同様に、国防科学技術工業分野における研究・開発の速度は著しく、現実の脳・神経科学の研究成果と結びつく日は遠くないものと思われる。

　そのため、今後BCIの研究開発を進めるにあたって、日本を含む諸外国は、BCIへの対抗技術の開発や、脳・神経への損傷を防ぐための「ファイアウォール」のような防御システムの研究開発も並行して行う必要があるだろう。こうした中、日本も政策的課題として研究を進めなければならないことは論を待たない。ただし、脳・神経科学、認知心理学など最先端科学の知見を諸政策に反映させるにはまだ時間がかかるだろう。

　とりわけ、軍事・安全保障分野における脳・神経科学の応用を政策としてどこまで推し進めるべきかについて、米国内でもまだここ数年に亘って議論され始めた段階である。しかし、脳・神経科学者は政治・経済はもちろん、軍事・安全保障分野に対する理解を深めなければならない段階に来ており、同様に軍事・安全保障分野に従事する者も、脳・神経科学の研究成果とその倫理的な問題に対する理解を深めなければならない段階に来ている。

　実際、脳・神経科学の発展によって、脳画像から心や考えを読み取ろうとする「マインド・リーディング」(mind reading)や、脳神経や記憶力などを活性化させる「スマート・ドラッグ」(smart drug)など様々な手法が生みだされてきている。他方で、個人の脳に蓄積（ストック）された情報やフローの思考を読み取ることは、他者に個人の考えを知られてしまうと

いう意味で、「究極のプライバシー」が脅かされてしまうという指摘もなされるようになってきている*28。

　さらに、注意しなければならないのは、戦争においては、如何に条約などの法律法規で制限しても、先端技術の軍事転用が実際に行われる可能性があるという点である。たとえば、脳の解読技術の精度が上がれば、リンチが指摘するように、「オープンで民主的な社会では、嘘発見システムによって無実の人が守られ、自由になる。新しい技術で無実を証明できる幸運な人にとっては、画期的な進歩だ。しかし、閉鎖的な独裁体制では、同じ技術が政府に反発する人々を黙らせ、政権に忠誠を誓うよう人々に強制するために使われることも考えられる」*29。

　脳・神経科学の学問的知見を軍事・安全保障分野をはじめとした政策に用いることには倫理的な批判が予想され得る。こうした批判は、インターネットやバイオテクノロジーの黎明期にもみられた現象である。しかし、「第5の戦略領域」であるインターネット、サイバー空間と異なり、「第6の戦略領域」としての人工知能や人間の脳・神経は、直接的に人間の倫理観を揺るがす可能性が高い。

　その理由は、脳や精神がより直接的に我々人間の認知空間と思考表現を制約することから、脳・神経科学が人間の倫理や尊厳に与える影響はインターネットなどのサイバー空間に関する技術や、遺伝子に関する技術よりも目に見える形で大きいためである。こうした安全保障・軍事分野における人間の倫理観について、脳・神経倫理学の知見が今後一層求められよう*30。

註
1　本章は、「ニューロ・セキュリティー『制脳権』と『マインド・ウォーズ』―」『SFC JOURNAL』Vol.15 No.2（慶應義塾大学湘南藤沢学会、2016年3月）、340～359頁の一部を基に大幅に加筆・修正したものである。
2　Nick Begich, *Controlling the Human Mind: The Technologies of Political Control or Tools for Peak Performance*, Alaska: Earthpulse Press, 2006. 邦訳は、ニック・ベギーチ著、内田智穂子訳『電子洗脳　あなたの脳も攻撃されている』（成甲書房、2011年）参照。
3　Thomas, Timothy L., "The Mind Has No Firewall," The U.S. Army War College Quarterly Parameters, Spring 1998, pp.84-92.

4 Jervis, Robert., *Perception and Misperception in International Politics*, Princeton: Princeton University Press, 1976.
5 Thomas, Timothy L., "The Mind Has No Firewall," *The U.S. Army War College Quarterly Parameters*, Spring 1998, pp.84-92.
6 Lynch, Zakk., The Neuro Revolution, New York: St. Martin's Griffin's Press, 2009.
7 Ibid, p.38.
8 ブレーン・マシーン・インターフェース（Brain-Machine Interface: BMI）と称されることもある。
9 "Toward Direct Brain-Computer Communication," in *Annual Review of Biophysics and Bioengineering*, L.J. Mullins, Ed., Annual Reviews, Inc., Palo Alto, Vol. 2, 1973, pp. 157-180.
10 Warr, Philippa., Brain-controlled helicopter comes to Kickstarter, Wired.CO.UK (WEB), 20 November, 2012. <http://www.wired.co.uk/news/archive/2012-11/20/brain-controlled-helicopters>
11 braindronerace.com(WEB), Human Experience Research Lab at University of Florida <http://braindronerace.com/>
12 また、レジーナ・ドゥーガンは、第19代米国国防高等研究計画局（DARPA）局長を務めた経歴を持っている。
13 "Rolfe Winkler, Elon Musk Launches Neuralink to Connect Brains With Computers," Wall Street Journal (WEB), March 27, 2017. <https://www.wsj.com/articles/elon-musk-launches-neuralink-to-connect-brains-with-computers-1490642652>
14 たとえば、Kalbfleisch, M. Layne., Forsythe, Chris., "Instantiating the progress of neurotechnology for applications in national defense intelligence," *SYNESIS: A Journal of Science, Technology, Ethics, and Policy*, 2 (1), Potomac Institute Press, 2011, pp. 9-16などを参照。
15 Towards a High-Resolution, Implantable Neural Interface, Defense Advanced Research Projects Agency (WEB), July 10, 2017. <https://www.darpa.mil/news-events/2017-07-10>
16 同上。なお、5つの研究グループは、ブラウン大学、コロンビア大学、フランス視覚研究所（Fondation Voir et Entendre）、ジョン・ピアース研究所（John B. Pierce Laboratory）、カリフォルニア大学バークレー校。
17 焦夏飛「脳控時代正在到来」『人民日報海外版』2016年5月20日。
18 中国科学院「中国科学院関于成立中国科学院脳科学卓越創新中心的通知」科発人字［2014］37号、2014年3月24日。
<http://www.cebs.ac.cn/upload/file/20150114/1048071626.pdf>

19 中国科学院脳科学與智能技術卓越創新中心ホームページ。〈http://www.cebs.ac.cn/〉
20 10部門とは、総後勤部衛生部（当時、現中央軍事委員会後勤保障部衛生局）、科学技術部、国家衛生・計画生育委員会、教育部、工業・信息化部、国家食品薬品監督管理総局、国家中医薬管理局、国家自然科学基金委員会、中国科学院、中国工程院を指す。「軍地10部門連合 打破国防医学科技軍民融合"玻璃門"」中国軍網、2015年11月27日。
〈http://www.81.cn/zghjy/2015-11/27/content_6789797.htm〉
21 「"北方工業大学－中博龍輝軍民融合智能装備研究院"成立及掲牌儀式隆重挙行」北方工業大学ホームページ、2016年11月6日。〈http://www.mzy-wiremesh.com/info/1084/3528.htm〉
22 「軍民融合智能装備研究院成立」人民網、2016年11月4日。
〈http://finance.people.com.cn/n1/2016/1104/c1004-28834080.html〉
23 同上。
24 同上。
25 「サイボーグ」（cyborg）とは、人工技術（cybernetic）と生命体（organ）とが融合したサイバネティック・オーガニズム（Cybernetic Organism）の略。
26 Wiener, Norbert, *Cybernetics: Or Control and Communication in the Animal and the Machine*, MA: MIT Press, 1948 (2nd edition, 1965).
27 Moreno, Jonathan D., "National security in the era of neuroscience," *SYNESIS: A Journal of Science, Technology, Ethics, and Policy*, 2 (1), Potomac Institute Press, 2011, pp. 3-4.
28 Haynes, John Dylan., Rees, Geraint., "Decoding Mental States from Brain Activity in Hummans," *Nature Reviews Neuroscience*, 7 (7), 2006, pp. 523-534、染谷昌義・小口峰樹「『究極のプライバシー』が脅かされる!?——マインド・リーディング技術とプライバシー問題」信原幸弘・原塑編『脳神経倫理学の展望』（勁草書房、2008年）、101～126頁、およびDenning, Tamara., Matsuoka, Yoky., and Kohno, Tadayoshi., "Neurosecurity: security and privacy for neural devices," *Neurosurgical Focus*, Vol.27, No.1, July 2009, pp. 1-4.
29 Lynch, p.87.
30 脳・神経倫理学については、たとえば、Farah, Martha J., "Neuroehics: The Practiocal and the Philosophical," *Trends in Cognitive Sciences*, 9 (1), 2005, pp. 34-40、および信原幸弘・原塑編『脳神経倫理学の展望』（勁草書房、2008年）参照。

第2部

技術が変える
軍事環境

技術革新と軍の文化の変容

安富 淳

はじめに

　軍事技術の革新は、戦争の方法を大きく変化させるのと同時に、軍人らの文化も大きく変化させる。今日において、GPS、インターネット、SNSなどの情報技術は、軍人―非軍人（家族や一般民間人）間の区別なく、あらゆる情報交換を可能としている。このようなツールが任務にも家庭生活にも不可欠となり、その使用が日常となったいま、軍人としての生活習慣や、家族とのコミュニケーション、そして軍人としてのアイデンティティ、価値観、国家に対する忠誠心などが、かつてなく大きく揺れ動きつつある。本章では、技術革新のどのような側面が、軍の文化のどのような点にどのような影響を及ぼし、その結果どのような課題を抱えているかを明らかにする。

1. 軍の文化とは何か

　近年、日本でも安全保障の議論やメディアにおいて、「軍の文化」や「軍隊文化」といった用語が、しばしば見られるようになった。
　そもそも、文化とはなんだろうか。アルヴェッソンら（Alvesson and Billing）は、「集団の成員（メンバー）によって共有され、時間の経過とともに次第に形成されてきた意義、考え、および価値」と定義している[1]。また、シャイン（Schein）は、組織文化の観点から、集団が成長する過程においてメンバーによって広く共有され、無意識のうちに機能し、当然視（taken-for-granted）されるようになった「基本的仮定」や「信念」と説明する[2]。軍事社会学者のバーク（Burk）は、軍事組織内の様々な文化的要素を、①規律、②職業エートス（職業倫理）、③儀礼・作法、④凝集性と団結心（esprit de corps）の4つに整理した[3]。

ダニヴィン（Dunivin）は、伝統的な軍の文化モデルは、「戦闘」であり「男性的な戦士」（combat, masculine-warrior: CMW）であったが、多様性を受容する価値観が軍隊にも拡がり、徐々に変容してきたと説明している*4。例えば、米軍における女性兵士に対するすべての戦闘任務の解禁や、同性愛者の入隊規制の撤廃は、平等主義や多様性を重要視した社会的な革新的価値観を反映させ、同時に女性や同性愛者の人材を有効活用することによってミリタリー・イフェクティブネス（軍の実効性）*5 の向上を図ってきた。エグネル（Egnell）やハジャール（Hajjar）も同様に、今日の軍隊は、従来のCMW的な伝統的なモデルは存続しつつも、冷戦後に新たに軍隊に期待されるようになった平和維持活動や人道支援・災害救援活動といったポストモダンな軍隊（後述）の活動においては、従来のCMW的な兵士像とは異なる役割や特徴が徐々に拡張されてきたと主張する*6。このような新たな軍の文化は突如変容するものではなく、伝統的な軍の文化は継続維持されつつも、変容に対する支持・不支持の勢力のバランスが崩れた際に、徐々に出現する*7。

２．技術革新による軍の文化の変容

(1) ポストモダンな軍隊とハイブリッドな軍隊

　冷戦期、冷戦後、対テロ戦争を経た安全保障環境の大きな変化に伴い、今日の軍隊は変容を遂げてきている。モスコス（Moskos）は、冷戦期の軍隊をモダン（近代）な軍隊と呼び、米ソ対立構造下において総力戦に備え、徴兵による大規模な軍隊が特徴であると述べた。冷戦後は、このような大規模な戦闘の役割を担う軍隊の必要性が低下し、代わりにアフリカなどで多発する民族紛争に対する治安や安定化といった平和維持活動や人道支援への対応が求められるようになってきた。さらに、各地で多発する大規模自然災害への対応や国際支援への役割も期待されるようになった。また、冷戦後の軍隊は非国家主体に対する拡大された役割が求められるようなった。モスコスは、これを「ポストモダンな軍隊」と称した*8。

　ポストモダンな軍隊には、平和維持活動や人道支援といった戦争以外の軍事作戦（Military Operation Other Than War: MOOTW）として、国連や派遣国や自治体の政治リーダーや官僚との交渉や調整業務、さらに現地住民と

のコミュニケーションも求められるようになり、軍隊は、単なる兵士（warrior）から、「外交官の機能を兼ねる軍人（soldier-diplomat）」、「平和構築専門家の軍人（soldier-peacekeeper）」や「コミュニケーター軍人（soldier-communicator）」、あるいは専門知識をもった「学者軍人（soldier-scholar）」の役割が高まってくるようになった*9。

　2001年の同時多発テロ以降、ポストモダンな軍隊はさらに変化を遂げ始める。テロは、世界各地の一般市民の日常生活にも影響を及ぼす。サイバーや金融ネットワークをターゲットとした新しいテロ対策のためには、サイバーセキュリティ専門家、言語専門家、金融専門家、地域研究者など、多種に亘る多様な人材を訓練する必要に迫られてきた。そしてテロ対策には非軍事・民間分野の高度な専門知識が必要であることも認識されるようになってきた。このため軍隊は民間との連携、とりわけ省庁間連携を重視し、さらには、テロ対策を含む非伝統的安全保障（non-traditional security）分野における多国間連携を志向するようになった。このような新たな状況に対応できる「ハイブリッドな軍隊」が必要となってきた*10。

（2）軍人のアイデンティティとモチベーション

　現代の軍隊が、徐々にポストモダン・ハイブリッドな軍隊と変化するにともない、個々の軍人の入隊動機や軍人たる職業意識も変化してきている。

　現代人は、世界中のメディアやSNSを通して世界情勢やビジネストレンドに関する情報を得て、グローバル化する世界経済に適応するための高度な教育を受けている。海外旅行や留学は特別のことではなくなり、日本にいながらにしても異文化・言語に触れることが日常となった。購入したいものはインターネットで世界中から短時間でなんでも入手できるようになった。今日の軍隊に入隊する多くの軍人は、このような背景を持つ現代人である。入隊動機や軍人としてのアイデンティティなどの軍人たる価値観も変化しているとみることができる。

　モスコスは、軍人の行動の動機付け（モチベーション）を、「制度的軍隊モデル（institutional model）」と「職業的軍隊モデル（occupational model）」の2種類に大別した（I/Oモデル）*11。前者は伝統的な軍人のモデルである。行動および社会との関係は、国防という公共財の実現であり、軍人たるものはそのためには私人としての利益は犠牲にしても献身すべきである、

といった価値観が通底している*12。これに対して後者は、軍人になることは特別なことではなく、あくまでも給与獲得の手段としてひとつの職業的選択肢に過ぎず、軍人も組織と雇用契約を結ぶいち「サラリーマン」に過ぎないといった価値観が特徴的である*13。

バティステーリ（Batistelli）やマニガール（Manigart）の研究によると、イタリアやベルギーの軍人らの平和維持活動に参加する動機は、「国への貢献」や「給与」といった忠誠心や金銭的なものではなく、「国際的環境における経験」や「専門技能の取得」といった自己実現や自己技能の開発といったモチベーションが主であった。このように、近年では、金銭的なものに加えて、経験や技能向上といった自己実現が軍人らの入隊、職務継続の大きな動機付けとなっている*14。

ポストモダンな軍隊は、今後、より「職業的軍隊モデル」に近づく、つまりはサラリーマン的な動機付けを有する軍人が多くを占めており、今後はますますその傾向は強まるだろうとの見方は多い。モスコスとウッド（Moskos and Wood）は、世界の主要な軍隊は徐々に「職業的軍隊モデル」の方向に向かいつつあると述べているし、スーターズとレヒト（Soeters and Recht）も、各国によって程度や速度の違いは当然あるとはいえ、たとえばカナダ軍やノルウェー軍には明らかにその傾向が見られると分析している*15。もっとも、冷戦後の軍隊がすべて職業的軍隊モデルの特徴をもった軍人によって占められ相同的になるわけではないが、軍事組織が「制度的軍隊」と「職業的軍隊」の2つの特徴をあわせもつようになり、そのバランスが次第に「職業的軍隊」に近くなる、という意味合いが強い。

スーターズら（Soeters, Winslow, and Weibull）は、「職業的軍隊モデル」の傾向が強い軍人が増加すると、「制度的軍隊モデル」の軍人が管理していた従来のようなトップダウン的な指揮命令系統の運営は変化すると述べている。つまり、よりビジネスマインドをもち、軍の価値や権威よりも活動の効率性を重視し、文民セクターとの連携強化を志向し、軍人ひとりひとりが自らすべきことを判断し主体的に動くような軍隊に変化するというのである*16。そして、「職業的軍隊モデル」志向の強い軍人らのアイデンティティ、価値観、入隊や活動の動機は、よりビジネスライクに近づく。その結果、彼らはたとえば、ドローンなどの「スマート・テクノロジー」を駆使することによって戦闘活動を回避し、代わりに、世論の支持（後

述）が比較的得られやすい非戦闘的な人道支援や民軍協力の要素の強い活動を志向する傾向があると指摘する。スーターズらは、このような軍人の価値観の変化によって、この2つの型の軍人が今後どのように相互作用していくのかは未知数であると述べている*17。

(3) 作戦地域における透明性の増加とマイクロマネジメント

インターネットの高度な普及により電子メールやSNSなどを利用した通信技術の革新は、前線にいる兵士と司令部にいる指揮官らとリアルタイム・映像付きの情報交換を可能にした。これによって、司令の伝達や状況把握は、より迅速に正確に行われる。他方で、前線に義務付けられる司令部への報告業務、司令部からの命令も大量化し、前線は多忙を極めるようになった。さらに、一般市民が前線の活動をスマートフォンで録画し、ユーチューブなどのSNSに容易に投稿し、世界中の人々がその情報を閲覧することも一般化してきた。市民は自国の軍人の安全をいつでも監視することができるようになり、戦死者・負傷者に対する情報はまたたくまに世界を駆け巡る。同時に、任務遂行中の軍人らによる活動も監視され、人権の擁護や作戦に対する説明責任もいっそう追求されるようになってきた。

米国ワシントンDCのシンクタンク戦略国際問題研究所（Center for Strategic and International Studies: CSIS）が2000年に米軍人12,500人を対象に実施した大規模な調査によると、このような作戦地域における透明性（battle space transparency）の確保に対する要求の増加は、前線の兵士にとって新たなストレスになっているという*18。司令部からの指示が過剰に詳細になるとマイクロマネジメントの負担が増大し、大量かつ詳細な指示に対応するため、前線の兵士は、さらに優先すべき業務を犠牲にせざるを得なくなる。結果的に、前線で求められる即応性が損なわれ、さらにその状況を説明すべく後手後手の対応に追われるようになる。また、技術革新による情報伝達の手段の拡大は政治的な介入を招きやすく、これまで軍の内部では標準で正当とされてきた作戦の手順や規則、訓練されてきた手順を見直したり、迂回したりすることを迫られるような状況が頻発するようなった。結果として、同調査は、前線のリーダーは指揮官からの指示に対する信頼を失い、部隊の作戦に対する集団的な責任感、チームワーク、オープンな雰囲気でのコミュニケーションや相互信頼といった部隊内の一体感や団結心が損な

われかねないと指摘した*19。

(4) 世論の支持および犠牲者 (戦死者) 回避

　技術革新によって、戦場の様子や犠牲者の画像や声がリアルタイムで、ウェブサイトやユーチューブなどのSNSサイトで全世界に届けられ、さらに、一般市民が、紛争当事者、犠牲者、あるいはテロリストといった個人とSNSを介して直接コミュニケーションをとることさえも可能となった。

　メディア技術の発達は、戦争や軍に対する世論の支持にも影響をおよぼす。特に世論を左右するのは、戦争や軍事介入によって自国軍人に犠牲者が生じた際の報道ぶりであろう。朝鮮戦争およびベトナム戦争を調査したミューラー (Mueller) は、海外に派遣された自国の軍隊の戦死者数と戦争に対する世論支持の関係を分析し、特に戦争開始時の戦死者数に対し、国民は敏感になる傾向があると説明した*20。

　近年の例として、1990年代の米軍のソマリア介入がしばしば挙げられる。米兵の戦死体がソマリア住民に引きずられるシーンをはじめ、悲惨な状況が世界的なニュース・ネットワークで報じられたことが、後にソマリアからの米軍撤退につながったといわれており、メディアが政府に対する批判的な政治的影響力を及ぼす、いわゆる「CNN効果」が指摘された*21。ミューラーの論文や「CNN効果」の議論には様々な反論があるが*22、自国の軍隊からの戦死者に対するメディアの扱いが、世論支持に一定の影響を及ぼすことは間違いないだろう。スミス (Smith) は、米国の一般市民には、「米軍は世界のどの軍隊よりもハイテク技術を駆使した装備を備え、こうした軍事的優勢によって犠牲者を削減できるはずだ」という高い期待があり、だからこそ、米軍の犠牲者の増加が報道されると、その期待が裏切られたという失意や憤りから、戦争や軍事介入に対する支持が低下すると指摘する*23。

　前出の米軍を対象としたCSISの調査は、情報技術の発達に伴って自国軍人の犠牲者に同情する世論が一層強くなると、もはや戦死者を発生させないことそれ自体が軍事活動の目的化してしまう傾向があるとも述べている*24。この傾向は、一般の世論よりも政治的リーダーの言動により強く見られる。ボエン (Boëne) によると、一般市民は、平和維持活動や人道

支援活動に対して高潔で安全なイメージを抱いている。政治指導者は、こうした活動を低リスクと考え、積極的に支持する傾向にある。このような政治的背景に基づいた活動には軍事行動計画が軽視されがちになる*25。その結果、部隊内のガイドラインやドクトリンを軽視した行動が、兵士の間に混乱を生み、作戦における柔軟性をかえって制限してしまう*26。そのような状況下、兵士の中から犠牲者が発生し一度それが報じられると一挙に撤退の要求が高まり世論支持を失ってしまう。

オランダ軍によるボスニアでの国連PKO活動がその典型例であろう。オランダは1995年6月、ボスニア紛争で深刻化するスレブレニツァに対し、高い政治的期待をもって大隊を派遣したが、その後、セルビア人勢力による攻撃に対抗できず撤退を余儀なくされた。ムーレンとスーターズ（Meulen and Soeters）によると、この派遣は当初から、オランダ軍の能力や実行可能性に関する事前検証や作戦計画を軽視して政治的判断で踏み切られたものであり、ひとたびオランダ軍側に犠牲が出る危険性がメディアで報道されると、オランダ政府は撤退を決めてしまったため、結果としてオランダ軍は任務を遂行できずにスレブレニツァの虐殺を阻止できなかったとの市民からの批判が集中した。この事例は、国連PKO派遣を巡る一国の政治的目的と軍事手段が完全に不一致であり、かつ、犠牲者を回避したいとする政治判断によって作戦遂行が妨げられた事例であったと分析している*27。

先述のCSISの調査報告書も、指揮官の一部は、「世論に過剰な配慮をした結果、犠牲者の発生リスクを回避する目的で、より危険が少ないイメージのある国連PKO活動や人道支援活動の作戦を安易に立案し、出動した結果、そこで逆に兵士の命を落とすような状況は受容できない。このような状況では、兵士が命を懸けて国防に従事する自己犠牲的な兵士の最大の価値観が大きく崩壊してしまいかねない」と証言している*28。同調査では、こうした事例が増加すると、犠牲者回避が主目的化し、軍隊全体に軍人としての職業エートスの低下を招きかねず、ミリタリー・イフェクティブネスの低下につながると警告している*29。

(5) リクルートと離職問題

ポストモダンの軍隊に「職業としての軍隊」という価値観をもつ軍人の割合が高いことはすでに述べたとおりである。近年の新規入隊者は、金銭

的な報酬や自らの能力向上といった自己実現を動機として軍人を志望することが多い。従って、軍隊内での処遇に不満があったり、「やりがい」を感じることが困難になったりすると、すぐに離職してしまうケースも見られるようになってきた。こうした傾向が続けば、長期的には、軍全体の士気や即応性の低下につながる可能性がある。

　ポストモダンな軍隊では、軍隊の業務の一部を民間業者に委託（アウトソーシング）するケースが増加している特徴がある。他方で、従来は軍隊に属していた技術者（技官）の労務条件の負担が急増している。CSISによる調査が対象とした米軍の技官らは、通常の任務に加えて、特にMOOTWが増加したためその分追加のメンテナンスや訓練に必要な労力と時間が自ずと増加した結果、労務時間の超過が発生し、結果的に家族との時間が減少することでストレス増加につながっていると証言している*30。彼らは、軍隊は自分たちに刺激的で自己を充足させる仕事を与えてくれ、ライフスタイルを豊かにしてくれるものと期待して入隊したものの、現実との乖離を強く感じている。こうした傾向は、能力のある中堅レベルの士官や下士官レベルの、特に航空機関連に従事する技官に強い*31。技官らの士気や軍人としての価値観が低下し、軍隊での継続就業を諦めて民間企業に容易に移行してしまうケースが増加すれば、軍全体の即応性が低下することが懸念されている*32。

　民間雇用者、特に先端技術に従事する専門家の雇用は拡大している。現代の軍隊、とりわけに米軍においては、先端技術が進めば進むほど、外部専門家に依存せざるをえず、技術革新のスピードと同時に軍事予算の制限とそれに伴う人員不足の解決策の一つとして、民間雇用者に依存する傾向はますます増えることとなるだろう。CSISの調査は2000年に行われたものであり、米軍の場合、現在はこうした技官の待遇や労務条件に対しては民間雇用者の拡大をもってある程度緩和されたのかもしれない。しかし、米軍のように民間雇用者を大規模に投入できない国では、こうした問題は今後も存在するだろう。兵器や通信機器、その他の軍用機器は先端技術に依存し、これをメンテナンスする技官への依存度はますます重要となると考えられる。CSISの調査結果は、米軍だけでなく軍隊一般における技官の確保（リクルート）や待遇改善が軍隊全体の即応性の維持のための課題を明確にしたと捉えることができよう。

（6）軍人家族

　海外派遣での任務中における兵士の士気やモチベーションと、家族やパートナー（以下、家族）とのコミュニケーションやケアに密接な相関関係が存在することは、これまでの研究で数多く指摘されてきた*34。従って、兵士の家族とのコミュニケーション支援および軍人家族に対するケアは、士気の維持や離職防止のために非常に重要である。

　一般的にみて、通信技術の発達により、コミュニケーションや家族支援は拡充する。長期間海外派遣される兵士の留守家族とのコミュニケーションにはインターネットによる通信が活用されるようになった。米軍、英国軍による2003年の「イラクの自由作戦」において、派遣が長期間に及ぶと、兵士の家族とのコミュケーション不足が兵士のストレス増加を助長し、士気やモチベーション低下に繋がりかねないとみた米軍は、解決策の一つとして、家族との連絡が容易に取れるように大規模なネットカフェを部隊の宿営地内部に設置し、メールやスカイプといったツールで家族との連絡を可能とした*34。ドイツ連邦軍も、アフガニスタン、コソヴォ、南スーダンを含む海外での作戦において、4〜6か月間におよぶ派遣期間中の兵士のストレス・マネジメントのため、メールやインスタント・メッセンジャーやスカイプなどを使用して本国の家族とのコミュニケーションがとれるようにした。ドイツ連邦軍では2011年に兵役が廃止され志願制となり、人材確保が以前より重要な課題となった。ドイツ連邦軍は、海外派遣中の兵士に対するストレス緩和に対する支援は、軍隊に対する忠誠心の減退や離職者の回避のための対策として最も重要な事項の一つと位置づけている*35。

　メールやスカイプで家族と頻繁に連絡が可能となり、兵士（とその留守家族）のストレスが軽減される一方で、情報過多による逆のストレスも報告されている。例えば、遠く離れた家族からは、身の回りの卑近な出来事や家族の心配事などが長文・画像つきのメールが届く。前線にいる兵士らは、家族の問題を身近に感じるものの、自分には何もできないという不安や無力感を感じてしまい、却ってストレスになってしまうケースがある。このような事例に対しては、連絡の頻度を逆に落としたり、感情を日記に書き留めて落ち着いてから本人に渡すなどの対策で解消することが有効とされる*36。また、デジタル通信が発達していても、絵葉書や小包を前線に送るという古典的な方法は、兵士と家族の双方にとって依然としてスト

レス緩和に効果が高い＊37。

　兵士と同様に、留守家族に対するケアが不足すると、軍人家族による理解が低下し、それが長期的には、兵士のリクルートや離職問題に直結するとの指摘もある＊38。したがって、軍は、派遣中の兵士の留守家族に対する情報提供や支援を重視している。ここでも、インターネットの利用によって、過去の課題が改善されてきた。米国では、留守家族は軍人家族協会（National Military Family Association: NMFA）などの自助グループのウェブサイトで集会やキャンプを数多く企画し、そこで知り合った軍人家族同士が、ディカッションや交流会を通して情報交換を行う仕組みを促進している＊39。イギリスやオーストラリアなどの主要な軍隊でもこのような活動は以前から実施されてきた。ウェブサイトやSNSの発達により、意見交換や人的ネットワークの規模は飛躍的に拡大し、家族の不安を共有する集会も拡充されるようになった＊40。しかし、このような活動に違和感を覚えて集会から距離をおく留守家族も少なくなく、メールやチャットなど他の家族との交流を介しない形での支援も実施されるようになってきた＊41。

　現代の軍隊においては、MOOTWで海外派遣の機会も増加し、軍人が長期間にわたり海外の任務に従事する機会も増加し、業務量も増加する反面、ますます「職業的軍隊モデル」型の兵士が増加している。特にデジタル社会で生活し教育を受けた世代にとって、インターネットでの情報収集・情報交換は日常的であり、海外派遣においても、平時と同様に家族とコミュニケーションが取れるような環境を求める声は今後もさらに増えることが予想される。すでに1986年にシーガル（Segal）が予測していたように、軍隊は兵士に対し、業務の質と量を要求するが、他方で、「職業的軍隊モデル」型の兵士や家族は、自らの待遇や生活環境を維持できるよう軍隊に逆に要求する。つまり、軍隊と家族による要求の「対立」が続いていくことになろう＊42。入隊を人生の単なる一ステージとみるような職業価値観を持つ軍人に対して、いかに離職を防ぎ、人材を充足させていくかという軍隊の組織戦略がこれまで以上に求められる。

おわりに

　冷戦終結後、安全保障環境の変化によって軍隊は、モダンからポストモ

ダンな軍隊へ、そして、ハイブリッドな軍隊へと変容を徐々に続けている。このような軍隊の特徴に大きな変化をもたらした要因のひとつは紛れもなく軍事技術の革新である。そして、それは軍事組織を動かす人間たちの価値観や行動様式も必然的に変化させてきた。

　本章で見てきた、様々な軍の文化の変化の事例が意味するものは何であろうか。第一に、本章で挙げた事例は、各国の軍隊固有の現象ではなく、どの国の軍隊にも共通して起こりうる普遍的な課題であり、先例や教訓として捉えるべきであろう。これらを整理し、学び、事前に十分に回避できるものと判断できるものについては早めの対策を講じるべきであろう。第二に、軍事技術の革新は、軍の作戦能力を飛躍的に向上させたが、他方で、それを扱う個人としての軍人が発展の規模と速度についていけず、軍事組織がテクノロジーにあわせた人材マネジメントを打ち出せないままに変化に取り残されている状態が指摘できる。その結果、軍人の士気や軍人としての職業エートスが低下し、部隊内の凝集性や団結心の低下を招き、離職が増加し、軍隊全体の即応能力が低下する、という連鎖の危険が示唆される。つまり、軍事技術の発展は、技術面のイフェクティブネスと、言うなれば、「人間面の」イフェクティブネスとのギャップを拡大させてしまった。我々は、これらの課題を克服し、このギャップをいかに狭めることができるかが問われている。

註

1 Mats Alvesson and Yvonne Due Billing, *Understanding Gender and Organizations*, Sage, 1997.
2 E.H.シャイン『組織文化とリーダーシップ』清水紀彦・浜田幸雄訳（ダイヤモンド社、1989年）、10頁。
3 James Burk, "Military Culture" in Lester R. Kutz and Jennifer Turpin, eds., *Encyclopedia of Violence, Peace and Conflict*, Vol. 2, 1999, pp. 447-461.
4 Karen O. Dunivin, "Military Culture: Change and Continuity," *Armed Forces and Society*, Vol. 20, No. 4, Summer 1994, p.535.
5 Military effectivenessの定義については、Allan R. Millet, Williamson Murray and Kenneth H. Watman, "The Effectiveness of Military Organizations," in Allan R. Millett, Williamson Murray eds., *Military Effectiveness*, Cambridge University Press, New York, 2010, pp. 3-27.

6 Robert Egnell, *Complex Peace Operations and Civil-Military Relations: Winning the Peace*, Routledge, 2009; Remi M. Hajjar, "Emergent Postmodern U.S. Military Culture," *Armed Forces and Society*, Vol. 40, No. 1, January, 2014, pp. 118-145.
7 Dunivin, p. 542.
8 Charles Moskos, "Armed Forces after the Cold War," in Moskos, Williams, and Segal eds., *The Postmodern Military: Armed Forces after the Cold War*, 2000, p p.1-13.
9 Moskos, 2000.
10 John A. Williams, "The Military and Society beyond the Postmodern Era," *Orbis*, Spring 2008, pp. 199-216.
11 Charles Moskos, "The Emergent Military: Civil, Traditional, or Plural?," *Pacific Sociological Review*, Vol. 16, No. 2, 1973, pp. 255-279.
12 Charles Moskos, "Institutional and Occupational Trends in Armed Forces: An Update," *Armed Forces and Society*, Vol. 12, No. 3, 1986, p. 381.
13 Moskos 1986, p. 379.
14 Fabrizzio Battistelli, "Peacekeeping and the Postmodern Soldier," *Armed Forces and Society*, Vol. 23, No. 3, Spring 1997, pp. 467-484; Philippe Manigart, "Postmodern Armed Forces: the case of Belgium," *Armed Forces and Society*, Vol. 31, No. 4, Summer 2005, pp. 559-582.
15 Charles C. Moskos and Frank R.Wood, eds. *The Military: More Than Just a Job?*, Potomac Books, 1988; Joseph Soeters and Ricardo Recht, "Culture and Discipline in Military Academies: An International Comparison," *Journal of Political and Military Sociology*, Vol. 26, No. 2, 1998.
16 Joseph Soeters, Donna Winslow, and Alise Weibull, "Military Culture," in *Handbook of the Sociology of the Military*, ed. Guiseppe Caforio, 2006, pp. 237-254.
17 Soeters, Winslow, and Weibull.
18 Walter F. Ulmer, Howard D. Graves, Joseph J. Collins, Edwin Dorn, and T. O. Jacobs, *American Military Culture in the Twenty-First Century: A Report of the CSIS International Security Program*, Center for Strategic and International Studies, 6, 2000. この調査では、陸軍・海軍・空軍・海兵隊における全ての階級の軍人を対象として、米軍人がそれぞれ抱える問題点を議論する中で明確化するフォーカス・グループ・ディスカッションの方法で実施された。
19 Ulmer, et. al., p. 23.
20 John E. Mueller, *War, Presidents, and Public Opinion*, John Wiley & Sons, 1973.

21 例えばSteven Livingstone,"Clarifying the CNN Effect: An Examination of Media Effects according to Type of Military Intervention," *Research Paper R-18*, The Joan Shorenstein Center, Harvard University John F. Kennedy School of Government, 1997.
22 例えばGartner and Segura, "War, Casualties and Public Opinion," *Journal of Conflict Resolution*, Vol. 42, No. 3, June 1998, pp. 278-300; Hugh Smith, "What costs will democracies bear? - A Review of Popular Theories of Casualty Aversion," *Armed Forces and Society*, Vol. 31, No. 4, 2005, pp. 487-512.
23 Hugh Smith, p. 492.
24 Ulmer, et. al, p. 20.
25 Bernard Boëne, "The Military as a Tribe among Tribes: Postmodern Armed Forces and Civil-Military Relations?" in *Handbook of Military Sociology*, ed. Guiseppe Caforio, 2003, pp. 167-185.
26 Ulmer, et. al, p. 72.
27 Jan van der Meulen and Joseph Soeters, "Dutch Courage: The Politics of Acceptable Risks," *Armed Forces and Society* Vol. 31, No. 4, 2005, p. 545.
28 Ulmer, et. al., p. 72.
29 Ulmer, et. al., p. 72.
30 Ulmer, et. al, p. 72.
31 Ulmer, et. al, p. 67.
32 Ulmer, et. al, p. 72.
33 例えば、Chris Bourg and Mady W. Segal, "The Impact of Family Support Policies and Practice on Organizational Commitment to the Army," *Armed Forces and Society*, Vol. 25, No. 4, 1999, pp. 633-652; Shelley Wadsworth MacDermid and David S. Riggs, eds., *Risk and Resilience in US Military Families*, Springer Science & Business Media, 2010.
34 Jocelyn Bartone "Missions alike and unlike," in René Moelker, Manon Andres, Gary Bowen, and Philippe Manigart eds., *Military Families and War in the 21st Century: Comparative Perspectives,* 2015, p. 204.
35 Marin Tomforde, "The Emotional Cycle of Deployment," in René Melker, Manon Andres, Gary Bowen, and Philippe Manigart eds., *Military Families and War in the 21st Century: Comparative Perspectives*, 2015, p. 89.
36 Tomforde, p. 96.
37 Tomforde, p. 96.
38 Brian J. Reed and David R. Segal, "The Impact of Multiple Deployments on

Soldiers' Peacekeeping Attitudes, Morale, and Retention," *Armed Forces and Society* Vol. 27, No. 1, 2000, pp. 57-78.
39 http://www.militaryfamily.org/ 例えば、不安を抱える家族にオンラインの相談ができる。
40 Tomforde, p. 96.
41 Philip Siebler, "'Down Under': Support for Military Families from an Australian Perspective," in René Moelker, Manon Andres, Gary Bowen, and Philippe Manigart eds., *Military Families and War in the 21st Century: Comparative Perspectives*, 2015, pp. 296-297.
42 Mady Wechsler Segal, "The Military and the Family as Greedy Institutions," *Armed Forces and Society*, Vol. 13, No. 1, 1986, pp. 9-38.

技術革新とハイブリッド戦争
ロシアを中心として

小泉　悠

はじめに

　近年、科学技術の進展が安全保障や戦争様態に及ぼす影響に対して大きな注目が集まっている。精密誘導兵器やC4ISR能力による軍事力の変革が叫ばれるようになってからすでに久しいが、最近ではロボット技術や人工知能（AI）技術、バイオ技術などに対する関心が高まっているようである。その典型が、米国の「第3オフセット戦略」やDARPA（国防高等研究計画局）の進める先進的な軍事技術開発であろう。

　とはいえ、これはどのような主体によっても選択可能なオプションではない。そこには必ず経済的・技術的な制限が付きまとうためである。世界最大の経済力と科学技術力を有する米国は、技術革新を自らの安全保障に活用する上でもっとも有利な地位にあるが、たとえば北朝鮮のように経済的・技術的ポテンシャルの小さい主体にとっては技術革新の成果を活用しうる余地は極めて小さい。テロ組織などの非国家主体の場合、その余地はさらに小さくなると考えられよう。

　こうした意味では、本稿で取り上げるロシアは極めて興味深い立ち位置にある。ロシアのGDP（国内総生産）は世界第12位の約1兆3600億ドルと韓国程度の経済力しか持たないが、ソ連崩壊後の経済的混乱に比べれば（昨今の経済危機下においてさえ）はるかに安定した経済状況にある。軍事支出についても米国には比べるべくもないにせよ、この10年ほどは一定額を安定的に支出してきた。科学技術の面では、先端技術のトップ・プレイヤーとは言えないものの、幾つかの特定分野では優れた技術力を有し、また現時点では世界水準の兵器を開発・生産するだけの能力を持っている。つまり、多くのファクターにおいて極端に有利ではないが何も持っていないわけではない、という「中流国」の位置にロシアはある。

　ロシアの立ち位置をより興味深いものとしているのは、同国の置かれた

国際的環境であろう。これまで述べたような「経済的・技術的中流国」としてのロシアが、国際秩序の中で安定的な地位を占めている場合、先端軍事技術の一部を諸外国に依存し、あるいは自国の得意とする技術分野を提供することによって技術革新にキャッチアップするという戦略を採用することができる。これはウクライナ危機以前のロシアが実際に取っていた戦略に近く、たとえば当時のロシアはセンサーなどの電子機器類を西側諸国に依存したり*1、場合によってはシステムを丸ごと輸入する一方*2、比較優位の保てる分野で武器輸出を拡大してきた。

しかし、ウクライナ危機によってロシアの置かれた国際的立場、ことに対米安全保障面での環境が悪化すると、このような戦略は現実的なものとは言えなくなった。西側の高度技術を導入することはもちろん、技術的・経済的制約の中で西側に対する抑止力や戦争遂行能力を確保する必要に迫られるようになったのである。

では、このような制約や国際的環境の中で、ロシアに利用可能なオプションとは如何なるものであろうか。言い換えるならば、技術革新の進む世界において、ロシアが取りうる安全保障上のオプションとはどのようなものであろうか。これが本稿のテーマである。

1．ロシアにとっての安全保障

本論に入る前に、冷戦後の世界におけるロシアから見て安全保障とは何かについて考察しておく必要があろう。これがロシアの行動原理を根底において規定する要素となるためである。

そこで、ロシアの安全保障政策を規定する『国家安全保障戦略』や、その下位文書として国防政策を規定する『軍事ドクトリン』及び外交政策を規定する『対外政策概念』を参照してみると、概ね以下のような構図が描けよう。

第一に、核戦争を含む大規模国家間戦争の蓋然性が大きく低下しているという点でロシアと西側の認識は共通している。この意味では、ロシアの安全保障政策は西側の軍事力と直接的に対決することを意図したものとは言えない。

しかし、第二に、次のような認識の齟齬が見られる。すなわち、現在の

世界で発生している内戦や体制崩壊といった安全保障上の諸問題は西側諸国が「焚きつけている」というものであり、ことにロシアが「勢力圏」とみなす旧ソ連諸国における2000年代の連鎖的な民主化＊3や2014年のウクライナ政変、2010年代の「アラブの春」に関してこのような見方が強い。したがって、ロシアにしてみれば、現在の世界で発生している事態は西側による「形を変えた侵略」あるいは「戦争に見えない戦争」なのであり、ロシアはそれに抵抗するがゆえに国際的包囲を受けているということになる。冷戦後もNATOが拡大し続けていることや、NATO域外での軍事力行使、NATO周辺諸国とNATOの安全保障協力もこのような文脈から理解される。

　第三に、こうした小規模紛争のエスカレーションの可能性についてもロシアと西側の見方は大きく異なる。冷戦後に増加した小規模な地域戦争について、西側では「巨大な竜（ソ連）を倒したと思ったら、無数の蛇がいる森に足を踏み入れていた」という喩えで表現されることがある。これは、冷戦期に想定されていた大規模戦争とは別種の脅威として小規模紛争が理解されていることを示すものと言えよう。

　しかし、ロシアにとっての事情は大きく異なる。1990年代のチェチェン戦争、2008年のグルジア戦争、2014年のウクライナ介入といったロシア周辺での小規模紛争は常に西側諸国の強い批判の的となり、ロシアの軍事力行使を押しとどめるために西側が限定的な軍事介入を行うのではないかという懸念が常に持たれてきた。したがって、ロシアにとっては小規模紛争の増加は常にエスカレーションの危険性をはらんだものであったということになる。

2．勢力圏内における相対的優位

　このような理解を前提とした場合、技術革新はロシアの安全保障にどのような影響を及ぼすと考えられるだろうか。
　導かれる第一の結論は、ロシアが西側諸国と完全に同等の軍事力を保有する必要はないということであろう。すでに述べたように、ロシアにとって直接の軍事的脅威は西側諸国そのものではなく、西側諸国が焚きつける（とロシアが見なす）小規模紛争である。したがって、ロシア軍が実際に

戦闘を行う蓋然性が高いのは、西側の影響を受けた旧ソ連諸国（「勢力圏」内の諸国）や非国家主体であるということになる。近年のロシアが実際に関与した紛争を見ても、ロシア軍の敵はグルジア軍やウクライナ軍といった旧ソ連諸国の軍や、チェチェンやシリアの非国家主体であった。今後についても、ロシアが軍事力行使を行う蓋然性が高いのは、「勢力圏」内の一国で政変が発生する場合*4や、中東や中央アジアの友好国における非国家主体への対テロ戦争であると考えられる。そしてロシアの軍事力に求められるのは、こうした事態において迅速に軍事介入を行い、介入先の政府ないし非国家主体を軍事的に制圧したり、望ましい状況を作り出す能力ということになろう*5。

　この意味では、ロシアは技術的・経済的大国として振る舞うことができる。以下の表に示すとおり、ロシアの軍事力や軍事支出は旧ソ連諸国に対して一桁～二桁大きく、圧倒的な優位にあるためである。特に近年のロシア軍では、特殊作戦群（SSO）や空挺部隊（VDV）など介入の尖兵となる精鋭・高機動部隊を重視しており、クリミアへの介入では実際にこれらの部隊が先鋒を担った。

　質的な点について若干補足しておくと、ロシア軍は過去10年ほどの間に急速な装備近代化を進めており、現在では「2020年までの国家装備計画（GPV-2020）」によって全軍種・兵科の70～100％を新型ないし近代化改修型装備に装備更新するとしている（2018年以降は「2025年までの国家装備計画（GPV-2025）」へと発展解消の予定）。その全体像は公表されていないものの、航空機、艦艇、装甲車両といった兵器・プラットフォームの急速な更新に加え、巡航ミサイルを始めとする長距離精密誘導兵器、無人偵察機や偵察衛星などの偵察・監視システム、指揮通信システムなど、先端軍事技術をロシアに可能な範囲内で最大限取り入れようとするものと言える。2015年に開始されたシリアへの軍事介入は、カリブルやKh-101などの長距離巡航ミサイル、各種宇宙システム、無人偵察機などが大々的に実戦投入された初めて事例となった。

　一方、旧ソ連諸国軍における先端軍事技術の取り込みは総じて低調である。原油マネーに潤うアゼルバイジャンや、ロシアの侵攻を受けて急速に軍事力の建て直しを進めるウクライナといった例外を除くと、旧ソ連諸国軍の大部分は旧式化したソ連兵器に依存したままであり、質的な面でのロ

シアとの差は開いていく傾向が見られる。これはとりもなおさず、介入戦力としてのロシア軍の有用性が高まることを意味しよう。

表 旧ソ連諸国の軍事力比較

国 名	兵 力	軍事支出
アルメニア	4万4800人	4.28億ドル
アゼルバイジャン	6万7000人	14.4億ドル
エストニア	6400人	5億ドル
ベラルーシ	4万8000人	5.1億ドル
グルジア	2万700人	2.87億ドル
カザフスタン	3万9000人	11億ドル
キルギス	1万900人	?
ラトビア	5300人	4.11億ドル
リトアニア	1万7000人	6.42億ドル
モルドヴァ	5200人	0.3億ドル
ロシア	83万人	466億ドル
タジキスタン	8800人	?
トルクメニスタン	3万7000人	?
ウクライナ	20万4000人	21.7億ドル
ウズベキスタン	4万8000人	?

（出典）*The Military Balance*. IISS, 2017.

3．西側に対する非対称アプローチ

他方、米国等の西側諸国と比べた場合には、この構図が逆転する。たしかにロシアはGPV-2020/2027を通じて技術的キャッチアップを進めており、一部では西側を凌ぐ成果を挙げている。しかし、全体としては依然、先端技術面での遅れが目立つ。

たとえば近年の戦争で大きな役割を果たすようになった無人航空機（UAV）について見てみよう。2016年12月に実施されたロシア国防省拡大幹部会議では、ロシア軍に約2000機のUAVが配備されていると報告されているものの*6、その大部分はごく小型（離陸重量100kg以下）の戦術UAVで

ある。これに対して米国は離陸重量1〜10t級の中型・大型UAVをすでに実用化しており、航続距離や搭載可能なミッション機材などの諸指標でロシアを大きく凌駕している。同等の大型・多用途UAVはロシアも開発を進めているが、実用化にはまだ相当の時間を必要としよう。軍事衛星などの宇宙アセットや指揮通信システムに関しても同様の構図を見出すことができる。

　量の面でもロシアは西側に対して劣勢にある。NATO加盟諸国の総兵力は325万人であり、米軍及びカナダ軍を除いた欧州側加盟国の兵力だけでも186万人にもなる。一方、ロシア軍の総兵力は2016年末時点で93万人ほどに過ぎず、欧州正面に配備できる兵力となるとさらに少ない。東欧・バルトの新規NATO加盟国には米国等の大部隊が常駐していないため、局地的にはロシアが優勢な地域もあるが、全体的な兵力バランスは上記の通りである。

　つまり、ロシアの軍事力は「勢力圏」内の諸国を圧倒するには十分であるが、そこに西側が介入してきた場合には軍事的劣勢に陥る危険性が存在する。したがって、ロシアとしては「勢力圏」内への介入能力を確保するためには、西側による逆介入を何らかの方法で防がねばならない。

　ここで重要になるのが、非対称性である。技術革新の成果に基づく軍事力を西側と同じ水準・規模で配備することは困難であるとしても、その機能を妨害したり、有効性を低減させる方法は、より低い技術的ハードルや経済的負担で実現することができる。1980年代のソ連が米国のSDI（戦略防衛構想）に対抗した際の手法は、まさにこのような非対称性を利用したものであった。莫大な費用と高度技術をつぎ込んで宇宙配備型レーザーや粒子ビーム、運動エネルギー兵器によるミサイル防衛システムを構築しようとした米国に対し、ソ連は囮弾頭の搭載や再突入体の機動化など、より安価で技術的ハードルの低い対抗策でSDIの有効性を低減させようとしたのである。

　このような構図は現在も米露の核抑止を巡って見出すことができるが、現在のロシアは通常戦力全般においてより広範な技術的・量的劣勢に直面している。したがって、西側の優位を相対化するための手法もより広範なものとならざるを得ない。

4．ロシアのオプション

　非対称性に基づくアプローチとは言っても、それは古典点的な軍事力やその行使の形態（対称性アプローチ）から独立したものではない。むしろ、対称性アプローチの構成要素が（ときに他の要素と結びつけられる形で）非対称性アプローチとしても用いられると考えたようがよいだろう。そこで以下では、ロシアに利用可能なオプションを幾つかに分けて考えてみたい。

（1）回　避
　第一のオプションは回避である。2008年のグルジア戦争では、ロシアは公式にロシア連邦軍をグルジアとの戦争に投入し、圧倒的な軍事力によって優勢を得たが、この振る舞いは西側諸国から「過剰な力の行使」であるとして強い非難を浴びた。これに対して2014年のウクライナ危機では、国籍を隠したロシア軍（特殊部隊や空挺部隊を含む）、情報機関員、コサック民兵、チェチェン民兵、愛国者勢力（その筆頭は後に「ドネツク人民共和国」国防相となる元情報機関員のイーゴリ・ギルキン）などを送り込み、これらを現地の親露派勢力と糾合するという手法が取られた。あくまでもロシアによる介入ではないという体裁を装う介入手法である。
　このような手法は、正規軍以外の多様な手法を動員する「ハイブリッド戦争」として後に知られるようになるが、それだけであれば戦史上、珍しいものではない[7]。実際、ヴェトナム戦争やアフガニスタン戦争、ナゴルノ・カラバフ紛争、沿ドニエストル紛争、北カフカスでの対テロ戦など、ソ連やロシアが関与してきた一連の紛争が、多かれ少なかれ「ハイブリッド」なものであったことは事実である[8]。
　これに対して、元ウクライナ安全保障会議書記であったホルブーリンは、ロシアの介入戦略について次のように述べている[9]。まず、ウクライナに対するロシアの介入は、冷戦後に「勢力圏」を侵犯され続けてきたという被害者意識を持つロシアの「地政学的リベンジ」＝勢力圏の防衛であった。しかし、ロシアの政治的・経済的・軍事的能力は、ソ連崩壊によって相対的にも絶対的にも大きく低下した。これが「勢力圏」を喪失した大きな要因であるわけだが、同時に、「勢力圏」に侵犯を受けた（と考える）ロシアが正面から対抗できないことの理由ともなっている。仮に正規の軍事

介入に訴えてロシアがウクライナを占拠するような事態となれば、NATOの逆介入を受けて介入を阻止されかねないためである。そして、西側の軍事力に正面から対抗することが不可能である以上、ロシアの「地政学的リベンジ」は、より低コストかつローテクな方法を用いた、より曖昧な介入の形態を取らざるを得ない。また、この際、ロシアの介入は人道など正面から批判しにくい擬似的目的を掲げるという手法を取る。すなわち、ロシアの目的はNATOの逆介入を招かないようにしながら「勢力圏」（とロシアが考える地域）への介入を行うことだったのであり、この意味ではウクライナにおけるロシアの「ハイブリッド戦争」は一定の成果を収めたと言えよう。

　一方、ホルブーリンは、ロシアがほとんど無血でクリミア半島の占拠に成功したのに対し、ドンバス地方では長期的な紛争に巻き込まれており、「ハイブリッド戦争」は失敗に終わったと評価している＊10。しかし、ロシアの目的がウクライナを自国の「勢力圏」内に留めることであったと考えるならば、また別の評価も可能であろう。すなわち、ロシアによる軍事介入の目的が、ウクライナを紛争地帯とし続けることでNATOやEUへの加盟を阻止することと考えるならば、ドンバスでの紛争の継続はそのような政治的目的を達成しているとも考えられるためである。

(2) 抑　止

　しかしながら、建前をどのように繕おうとも、あくまでもウクライナへの軍事介入がロシアによるものであったことは周知の事実でもある。したがってロシアとしては、ハイブリッド型の介入を行いつつ、これに対する西側の逆介入も抑止しなければならない。

　ここで大きな役割を演じるのが、米国に次ぐ規模の膨大な戦略核戦力である。通常戦力が大幅に弱体化したロシアにとって、ソ連から受け継がれた膨大な戦略核戦力は抑止力の切り札であり、それゆえに冷戦後も戦略核戦力の維持・整備に対して重点的な投資を行ってきた。

　これに加え、核戦略の変化も注目される。ソ連崩壊後に初めて策定された1993年版「軍事ドクトリン」では大量報復型の核戦略が採用されたが、2000年の改訂版では戦術核兵器を使用して通常戦力の劣勢を補うという、「地域的核抑止」が盛り込まれた。これはソ連の通常戦力に対抗すべく冷

戦期の西側が採用した柔軟反応戦略をほぼ逆転させたものと言える。さらに2010年版「軍事ドクトリン」では、従来想定されていたよりも小規模な局地紛争でも核兵器を使用したり、戦争が始まる前に予防的な核攻撃を行うとの戦略が盛り込まれたとの観測がある。これはロシアが介入を行う際、無人地帯などに対して警告的な核攻撃を行うことによってNATOに逆介入を思いとどまらせる、「エスカレーション抑止（デエスカラーツィヤ）」を目的としたものと考えられる*11。この結果、ロシアが核抑止下で低烈度紛争を仕掛けてきた場合、現行のNATOのドクトリンや能力では対処の仕様がないのではないかとの懸念が西側の専門家の中でも見られる様になった*12。

　ロシアが実際にこのような戦略を採用しているかどうかについては批判的見解も存在するが*13、少なくともロシアにこうした核戦略の概念が存在し、それをオプションとして実行可能にするだけの近代的な核戦力が存在することは無視しえない事実であろう。2018年2月に公表された米国のNPR（核態勢見直し）においても、ロシアの「エスカレーション抑止」型核使用への懸念が強く表明されている。

（3）阻止及び妨害

　さらに、抑止が破れて実際に西側による軍事力行使が発生した場合には、敵が技術的な優位を発揮することを阻止及び妨害する必要もある。

　たとえばロシアは近年、潜水艦、水上艦、地対艦ミサイル、防空システム、航空機、電子妨害システム等を組み合わせた接近阻止・領域拒否（A2／AD）能力をロシア周辺地域に展開している。特にロシアが熱心なのは黒海周辺におけるA2／AD能力の構築であるが、これは北カフカス、ウクライナ、グルジア、モルドヴァなど、ロシアが介入を行った（行う可能性のある）国や地域が黒海沿岸に集中しているためである。こうした国／地域に対してロシア軍が展開した場合、西側の軍事力が戦域内に侵入するのを阻止したり、その活動を著しく制限したりすることがロシア軍による黒海A2／AD戦略の主目的であると考えられる。また、ロシアはこうした能力を東地中海（シリア近傍）やバルト海（北欧・バルト三国近傍）にも展開しつつある。この分野においてロシアは高い技術力を有しており、これらを排除して西側が軍事力行使を行うことは不可能ではないにせよ、そ

の政治的・軍事的コストは極めて高いものとなることが想定される。

また、米国が質量ともに圧倒的な優位を誇る宇宙分野については、攻撃衛星の開発*14や衛星の機能に対する妨害及び欺瞞能力（たとえばGPSに対する妨害や欺瞞）の開発が進められており、一部はすでに実戦配備されていると見られる。

5．非対称アプローチの有効性と限界

以上、技術革新が進む中での「中進国」ロシアの対抗オプションを見てきた。では、こうしたオプションはどこまで有効性を持ちうるものだろうか。

それが一定の効果を発揮しうることは、ウクライナ介入の事例を見ても明らかであろう。当初、ロシアは自国の関与を公式には否定しつつクリミア及びドンバスへの軍事介入を行った（回避）。さらにクリミア併合から1年後の2015年3月、プーチン大統領は次のように述べた。すなわち、クリミアへの介入はロシア系住民の保護を目的としたものであったが（擬似的な人道目的の提示）、米海軍のイージス艦が黒海に展開してきたため、クリミアにバスチョン長距離地対艦ミサイルを配備した（A2／AD網の展開）。また、「最悪の事態」に備えて、核兵器を準備態勢に就ける可能性もあった（核抑止）、というものである。この意味では、ロシアの介入によってウクライナがロシアの勢力圏を脱出しようとする試みはたしかに阻止された。

ただし、そこには限界もある。第一に、非対称アプローチの一部を為す「回避」オプションは、世界中のどこででも適用可能なものではない。ウクライナ型の介入を行うためには、その口実となる過去の歴史的経緯（ウクライナの場合はクリミア半島の移管に関する当時の法的手続きの曖昧さ）、保護すべきロシア系住民の存在、秘密裏にロシア軍や民兵を投入しうる地理的近接性といった要因が必要とされるためである。

第二に、すでに述べた積極核使用戦略による抑止やA2／AD等による阻止・妨害戦略は、それを行う側の決意が相手側を上回っていて初めて成立する。たとえば積極核使用に対する核報復や、A2／ADによる阻止・妨害に対する実力による排除に関して西側が断固たる意思を表明した場合、

これらの手段は有効性を失う。2017年4月に米国が行ったシリアへの空爆は、ロシアがシリア西部にA2／AD網を配備していても尚、米国による決意がそれを上回った事例と言えるだろう。また、ウクライナ危機以降、ロシアがバルト三国に対してハイブリッド戦争を仕掛ける可能性が指摘されるようになっているが、現実的に考えればNATO加盟国であるこれらの国々への軍事介入は、ロシアがどれだけ非対称アプローチを用いようとも北大西洋条約第5条に基づく集団防衛が発動する可能性が高く、現実的なものとは言えない。むしろ、そのような可能性を示唆することで近隣諸国に対する政治的脅迫として機能させているという見方の方が実態に近いものと思われる。

　このようにしてみれば、ロシアによる非対称アプローチには相当の限界が付きまとうためである。それが適用可能なのは、介入を正当化しうる要素が存在し、なおかつ西側の集団防衛態勢の枠外にある地域に限られるということになる。あえて単純化するならば、それはロシアが旧ソ連諸国を今後とも「勢力圏」内に留めおくための介入戦略であって、ロシアのグローバルな介入能力を担保するものではないと結論できよう。

註
1　軍需産業を統括するロゴジン副首相が2015年に述べたところによると、ロシアは約800品目の軍需品を西側に依存していた。 "Рогозин: ВПК откажется от 90% компонентов из ЕС и НАТО в 2018 году," *РИА Новости*. 2015.8.11.
2　ウクライナ危機以前のロシアはフランス製強襲揚陸艦やイタリア製軽装甲車、イスラエル製無人機の導入などによる技術的キャッチアップを図ってきた。
3　グルジアにおける2003年の「バラ革命」、ウクライナにおける2004年の「オレンジ革命」、キルギスにおける2005年の「チューリップ革命」がそれであり、「カラー革命」と総称されることもある。
4　たとえばベラルーシはロシアと「連合国家」を構成する最友好国のひとつであるが、ウクライナ危機後、政変発生時にロシアの介入を受ける可能性を警戒しているとされる。
5　これについては、ロシア軍参謀総長であるヴァレリー・ゲラシモフ上級大将の論文「予測における科学の価値」(Валерий Герасимов, "Ценность науки в предвидении," *Военно-промышленный курьер*. No.8 (476). 2013.2.27.) が広く知られている。ゲラシモフ参謀総長は同論文において、西側諸国が旧ソ連やアラ

ブ諸国に内政干渉を行って「住民の抗議ポテンシャル」を刺激し、これを外部からの政治・軍事・経済的圧力と組み合わせることで戦争に訴えずして敵対的な体制を転覆していると主張している。ゲラシモフ参謀長の主張はあくまでも、西側がこのような陰謀を仕掛けているというものであるが、ウクライナ危機は同じような手法をロシア自らが実行した事例であると言えよう。

6 Сергей Шойгу, *Выступление Министра обороны Российской Федерации генерала армии Сергея Шойгу на расширенном заседании Коллегии Минобороны России*. 2016.12.22.

7 たとえばウクライナ危機前の2012年には、ウイリアムソン・マーレーとピーター・マンスールの編集で『ハイブリッド戦争』という論集が編まれている。マンスールはその序文において、「多様な主体を巻き込んだ戦争は古代のペロポネソス戦争まで遡ることができるものであり、それは戦争の方法を変えるものではあっても戦争の性質そのものを変化させるものではない」旨を述べている。Williamson Murry and Peter R. Mansoor, eds., *Hybrid Warfare: Fighting Complex Opponents from the Ancient World to the Present*. Cambridge University Press, 2012.

8 一例として、戦略技術分析センター（CAST）のルスラン・プーホフの見解を参照。Руслан Пухов, "Миф о "гибридной войне," *Независимое военное обозрение*. http://nvo.ng.ru/realty/2015-05-29/1_war.html〉 2015.5.29.

9 Владимир Горбулин, "Гибридная война" как ключевой инструмент российской геостратегии реванша," *ZN.ua*.
〈http://gazeta.zn.ua/internal/gibridnaya-voyna-kak-klyuchevoy-instrument-rossiyskoy-geostrategii-revansha-_.html〉 2015.1.23.

10 同様に、ニューヨーク大学のマーク・ガレオッティは、ドンバスでロシアが長期間にわたる戦闘に巻き込まれたのは「ハイブリッド戦略」の失敗であったと位置付けている。Mark Galeotti, "'Hybrid War' and 'Little Green Men': How It Works, and How It Doesn't," *E-International Relations*. 〈http://www.e-ir.info/2015/04/16/hybrid-war-and-little-green-men-how-it-works-and-how-it-doesnt/〉 2015.4.16.

11 戦果を最大化するのではなく、「調整された打撃」によってNATOの逆介入を阻止するという核ドクトリンについては、以下の拙著を参照されたい。小泉悠『プーチンの国家戦略』東京堂出版、2016年、163～170頁。

12 Matthew Kroenig, "Facing Reality: Getting NATO Ready for a New Cold War," *Survival*. Vol.57, No.1, February-March 2015. pp.49-70.

13 Olga Oliker. *Russia's Nuclear Doctrine: What We Know, What We Don't, and*

What That Means. CSIS, 2016. 〈http://csis.org/files/publication/160504_Oliker_Russias NuclearDoctrine_Web.pdf〉; Jacek Durkalec. Nuclear-Backed *"Little Green Men:"* Nuclear Messaging in the Ukraine Crisis. The Polish Institute of International Affairs, June 2015, pp.15-19.

14 ロシアは「ヌードリ」と呼ばれる地上発射型衛星攻撃ミサイルの発射実験を繰り返すとともに、ロシアが打ち上げた正体不明の衛星が他の衛星に接近する機動を繰り返していることが知られている。詳しくは以下の拙稿を参照。小泉悠「『ハード・キル』と『ソフト・キル』： 米国の宇宙優勢に対抗するロシアの「非対称措置」」『軍事研究』第51巻第2号（2016年2月）、208〜221頁。

技術が変える南アジアの安全保障

長尾　賢

はじめに　インドの安全保障にとっての技術

　南アジアの安全保障、特に南アジアの大国インドについて考える時、技術の要素は無視できない影響を与えてきた。その中で最も深刻だったことは、数で勝るインド軍が、技術で勝るイギリス軍に勝てず、結局、インドはイギリスの植民地になってしまったことである。

　そのため、1947年にイギリスから独立して以後、インドは技術政策を重視した。独立当初から1960年代にかけて、火砲の国産化や、ドイツ人技術者を招いての国産戦闘機マルートの開発に取り組んだのはその一環である。1970〜1980年代にロシアの技術支援を受けながら進めた各種の武器の国産化は、1990年代半ば以降実を結び始め、弾道ミサイル、巡航ミサイル、ミサイル防衛システム、対空ミサイル、対戦車ミサイル、戦車、航空母艦、駆逐艦、フリゲート艦、原子力潜水艦、戦闘機の開発に成功しつつある。2017年9月には無人車両やロボット工学、警戒監視、民軍両用（デュアルユーズ）技術の分野で日印間での研究協力についての協議も進めることが決まり、日本とのかかわりも徐々に深まり始めている。

　ただ、弾道ミサイルや潜水艦用ソナーなどいくつかの例外を除いて、インドの技術レベルはまだ、先進諸国に大きく劣っている。そのためインド政府は技術向上のために、国産開発だけでなく先進諸国からの技術導入を積極的に進め、なんとかして追いつこうとしているのが現状だ。

　本章は、インドの技術導入が、南アジアにどのような変化をもたらし、今後どうなるのか、検討するものである。以下、3つの段階で検討することにした。まず、冷戦が終わるまでの歴史的経緯の中で技術政策が果たした役割を追う。次に、冷戦後の軍事戦略上のニーズと、そのニーズに対しインドの技術政策がどのように答えようとしているのか、概観する。その上で、最後に、インドの軍事戦略に技術の導入はどのような影響を与えた

のか、分析を試みる。

1．歴史的経緯の中で技術政策が果たした役割

インドは軍事戦略上、技術に対してどのようなニーズを要求してきたのであろうか。歴史をひも解いてみると、1947年に独立したインドが最初に直面したのは国家統合にかかわる問題であった。パキスタンはイスラム教に基づく国を作ろうとして分離独立し、ジャーナガール、ハイダラーバード、カシミール、ポルトガル領ゴアなどがインドに加わらず、パキスタンへの帰属や独立、ないしは決断そのものを躊躇した。インドはこれらを1961

図表1 各地域の位置関係（筆者作成）

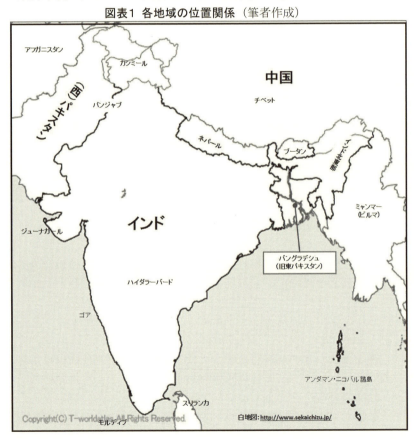

年までに鎮圧したが、その後もインド北東部や毛沢東主義派の登場など反乱やテロの問題に悩まされ続けた。このような不安定な環境のインドにとって、技術政策に求められたことは、インドの不安定さに付け込んで外国が介入してこないように、国産技術を育成して外国に頼らない基盤を形成することであった。そのため、1950年代より、火砲の国産化を進め、敗戦国ドイツの技術者を呼んで国産戦闘機マルートの開発を進め、1964年には開発に成功したのである。

　しかし、これらの政策はあまりうまくいかなかった。当時中国はすでにミグ19戦闘機を国産化し、自国で大量に配備しただけでなく、パキスタンへ輸出していた。それに比べ、インド空軍はマルートの能力に不満で、少数配備はしたものの、あまり使いたがらなかった。インドは頻繁に実戦を経験しており、国産品であるかよりも、能力面を重視せざるを得ない状況があった。しかも、実戦も反乱対策のようなものも多く、国産技術開発の影響を受けがたい。そのような状況が、インドの国産技術開発にとって不利な要素となっていたのである。

　その後、インドの軍事戦略上の2つの転機があった。まず、1962年に中国との戦争に敗れ、その後、中国が核実験をすると、インドは核抑止の検討に入った。インドは米ソ英仏へ「核の傘」の提供を求めたが、全てから断られ、国産の核兵器開発を本格化させていった。

　そして、1971年の第3次印パ戦争が起きると、インド威嚇のため派遣された米空母機動部隊が核兵器を積んでいるとみられたことから、インドは初の核実験を行った。

　また、第3次印パ戦争は、インドが多くの国産技術開発プロジェクトを開始するきっかけとなった。第3次印パ戦争の前までは、現在のパキスタンとバングラデシュは1つの国パキスタンとして存在しており、インドは東西挟み撃ちの状態にあった。GDPの差も、インドはパキスタンの4倍程度であった。だから、インドの安全保障環境は不安定であった。しかし、第3次印パ戦争の結果、バングラデシュは独立し、インドはパキスタンの7倍のGDPを有する、地域で圧倒的な大国になり、安全保障環境が安定したのである。その結果、インドは技術開発のための時間的余裕を得ることができ、ソ連から技術政策を受けながら、国産の戦車、駆逐艦、フリゲート艦、原子力潜水艦そして弾道ミサイルを含む各種ミサイルの国産開発プ

ロジェクトなどを次々にスタートさせた。これらの開発計画は、1990年代終わりから2000年代にかけて実現に至ることになったのである。

2．現代のインドの軍事戦略と技術

その後、現代までのインドの軍事戦略に技術政策はどのように関わってきているのだろうか。冷戦後、インドが直面した安全保障上の課題を、ソ連崩壊への対策、パキスタンへの対策、中国への対策に分け、それらの課題にどのように対処しようとしているのか。技術政策の観点から検証することにする。

(1)ソ連崩壊への対応としての技術政策

冷戦後のインドが直面した危機には、まずソ連依存にかかわるものがある。第3次印パ戦争後の経緯から、インド軍は、装備の維持、新技術の導入の両方でソ連への依存を高めていった。そのため、ソ連が崩壊すると危機に陥った。インドの軍人は旧ソ連諸国で修理部品を探し回り、新装備の導入は殆ど行われなくなってしまったのである。

このような危機的状況に、インドは数多くの改革を実施し始めた。まず、ソ連崩壊による打撃の教訓から、供給元を多角化してソ連依存から脱却すること、国産化の度合いを高めることで対応しようとした。ソ連に代わり、インドにとって重要な兵器の供給元となったのは、イスラエルとアメリカである。1990年代後半より徐々にシェアを伸ばし、現在ではロシアを上回る武器をインドに供給しつつある（図12－2参照）。同時に、インドは武器輸入に際し、自国技術を育てる工夫をし始めた。技術移転を進めるため、生産の一部をインドで進めるためのオフセット政策などを採用して技術移転を進め始めたのである。

このような傾向は、特に2000年代、加速化する傾向にある。インドがソ連崩壊の危機を克服し、急速な経済発展をし始め、資金的に余裕が出るとともに、1999年のカルギル危機で国防の重要性を再認識したからだ。1970、80年代に開始され、延期を繰り返してきたインド国産兵器の開発も、1990年代半ばから徐々に成果が出始め、国産戦車、国産駆逐艦、国産フリゲート艦、国産原子力潜水艦、国産弾道ミサイル、国産ミサイル防衛システム

の開発に成功し、国産戦闘機の開発もほぼ終了しつつある。これらの国産兵器は、実際にはまだ部品の半分以上を輸入に頼っている点で、完全な国産ではないものの、研究開発を独自に行い、現在の軍事上のニーズに一定程度答えるレベルのものを完成させたという点で、大きな意義がある。インドが現在も数多くのプロジェクトに野心的に取り組んでいることは図表2のとおりである。

図表2　インド国防省の研究機関が開発中の技術一覧

弾道・巡航ミサイル関連	長射程地対地ミサイル・AgniV
	超音速巡航ミサイル・BrahMos
	他：ミサイル開発用装置
陸上兵器関連	発展型けん引式野戦砲システム・ATAGS
	Arjun・MkII戦車
	155mm砲の山岳地域用の組み立て式システム・BMCS
	自走地雷埋設車・SPMB
	46m軍事用組み立て橋・MLC-70
	装輪式装甲車・WhAP
	対戦車ミサイル・プロスピナPROSPINA
	国境捜索システム・ボスBOSS
	低レベル移動式レーダー・Ashwini
	中パワーレーダー・Arudhra
	50人用太陽光暖房シェルター（山岳用）、ヒーター（山岳用）
	他：新型砲弾、暗視装置、捜索装置、戦車用ステルス材、防弾ジャケット
海洋兵器関連	艦船用重魚雷・Varunastra
	発展型軽魚雷・ALWT
	能力向上型ソナー・HUMSA　NG
	潜水艦用ソナー・USHUS－2
	統合型沿岸捜索システム・ICSS
	携帯ダイバー探知ソナー・PDDS
	インド海洋領域認識システム・IMSAS

	主要艦艇及びヘリ用電子妨害システム・Samudrika 海軍用電子戦支援対策システム・VARUNA 他：艦艇用ソナードーム、艦艇用材質、チャフ、潜水艦用AIP、無線ソフトウェア
航空兵器関連	軽戦闘機・Tejas 軽戦闘機(空母艦載機) 航空機用システム類：レーダー・Uttam、偵察システム・Nakshatra、早期警戒管制システム、警戒管制システム、延焼遅延対Gスーツなど 航空機用弾薬類：空対空ミサイル・Astra、対レーダーミサイル・NGARM、国産1トン滑空爆弾、対滑走路精密誘導弾・SAAW、ヘリ搭載対戦車ミサイル・Helina 空輸関連：重量物投下システム、誘導式空中投下配達システム 中高度長距離無人機・RustomⅡ及び無人機用開口レーダー 対無人機迎撃用レーザー 地対空ミサイル・Akash 長射程地対空ミサイル・LRSAM 中射程地対空ミサイル・MRSAM 即応地対空ミサイル・QRSAM
宇宙関連	Sバンド衛星通信ターミナル・SATCOM 衛星通信用Sバンドデジタルマルチメディア放送ターミナル・AMBAR
その他	軍事通信システム用チップデータ及び音声アプリケーション・ANUSANDESH その他：遠隔治療システム、NBC個人防護装備、NBC用治療薬、核防護技術

参照：Ministry of Defence Government of India, "Annual Report 2016-2017" http://mod.nic.in/documents/annual-report （2017年9月14日アクセス）

(2)パキスタン対策における技術

インドにとってパキスタンは独立以来の安全保障上の課題である。しかし、冷戦後のパキスタンには、それ以前にはない特徴があった。冷戦後パ

キスタンは、ソ連からアフガニスタンを追い出したのと同じ方法でカシミールからインドを追い出せるのではないかと考え、カシミールにおけるテロ組織を支援し始めたからだ。インドは1990年にパキスタンに対して軍事制裁を加えることも検討したが、パキスタンが核兵器を保有したため、リスクが高まり、実施できなかった。

　このような核保有したパキスタンによるインドへの挑発は、1999年にはカルギル危機、2001年にはインド国会襲撃事件へと発展していった。その結果、インドは、核抑止下における限定的な軍事作戦の研究を開始した。戦車部隊を利用して、パキスタンが核兵器を使うほどではない程度の限定的な攻撃をかける方法（コールド・スタート・ドクトリン）や、海軍による海上封鎖、空軍機による限定爆撃などを検討した。結局、2016年9月、インドは特殊部隊で、カシミールのパキスタン管理地域にあるテロリスト訓練キャンプ7か所を襲撃し、これらの戦略・戦術研究の成果を示したのである。

　現在、インドはパキスタンの核兵器対策としてのミサイル防衛と、パキスタン側のテロ組織の拠点を警戒監視、攻撃するための無人攻撃機導入を計画しており、どちらのケースでもイスラエルやアメリカとの協力を進めるとともに、国産開発も進めている。

　また、テロ対策の技術開発が進み始めている。国境防衛用のセンサーや沿岸監視用レーダーなどの開発によって、テロリストの侵入を防ぐ技術開発も進めており、そのようなテロ対策装備の中には、インドが得意とする技術を生かしたものが登場している。インドが得意とする技術とは、ジェネリック医薬品のように、すでにニーズが定まった医薬品をよりコストの安い代替物で生産し、広く普及させる技術である。インドがテロ対策用に開発した「とうがらし手榴弾」はその一例である。人質を取るテロリストを制圧する手段として、特殊部隊は突入直前に発光手榴弾というテロリストの視覚、聴覚などを麻痺させる非致死性手榴弾を使用する。しかし、インドでは暴動やテロが多いにもかかわらず、予算が十分になく発光手榴弾を十分に配備できない。インドが開発した世界一辛いとうがらしを使用した手榴弾は、値段が安く、広く普及させることができるのである。インドのみならず途上国に広く輸出され、インドの影響力を高める可能性のある技術である。

（3）中国対策における技術

特に2000年代から、インドにとって深刻になったのは、中国との問題である。中国の経済成長は著しく、インドとの軍事力の差は明確に広がっていった。その結果、印中国境、海洋、宇宙・サイバー空間でも対策を迫られている。

①印中国境

印中国境（実効支配線を含む）においては、中国側のインフラ建設が活発になり、他の地域から中国軍が再展開して軍事訓練も活発化、インド側への侵入事件も年間300〜500件程度と、ほぼ毎日になっている。2017年6月から8月末まで続いたドクラム高地における、インド・ブータン軍と、侵入した中国軍との間のにらみ合いは、インドの中国に対する危機感を大幅に高めた。

この国境地域は、中国側の標高が高く、陸上作戦では中国が有利な環境がある。どこを撃てばいいか上から見渡せるし、重量物を動かすのも比較的楽で、高山病にもならないからだ。その結果、中国軍の活動は、より活発になっている。

しかし、空気は薄く揚力が得られ難いため、戦闘機にとっては標高の低いインド側の方が多くの燃料、ミサイルを搭載できる利点がある。そのため、インド側の対応は、陸上部隊やインフラ建設だけでなく、新型戦闘機や巡航ミサイルの配備などによる空中を積極的に利用したものになっている。その要になっているのは9万人規模のインド陸軍第17軍団の創設である。この軍団は、大量の輸送機などを利用してチベット方面への攻撃を企図した空中機動軍団であり、インドは高い山脈の上で作戦可能な技術を求めている。現在第17軍団にはアメリカから大型輸送機、中型輸送機、戦闘ヘリ、大型輸送ヘリ、超軽量火砲の導入が進みつつある。

②インド洋

インド洋においても、中国軍の活動が活発化しつつある。インド周辺ではパキスタン、スリランカ、バングラデシュ、ミャンマーで港湾を建設し、同時に海軍艦艇の派遣が増え、特に潜水艦の活動が活発化している。2017年6月から8月までに、インド洋では13隻の中国海軍艦艇の活動を確認したと報じられている*1。インド洋で中国艦艇が活動を活発化させることは、インドのシーレーン防衛上の脅威になる。また、他の国のシーレーンを含

めインド洋の安全を保障する大国はどこの国なのか、中国なのかインドなのか、という観点からも重要な影響がある。さらに、インドの核兵器を搭載した原子力潜水艦の安全上の問題からもインドにとって深刻な脅威になっている。

そこで、インドは日米と連携して対潜水艦能力の向上に努めるとともに、積極的に東南アジア諸国との協力を深め、中国のインド洋進出に対抗しつつある。インドはベトナムの潜水艦部隊、戦闘機部隊の訓練を担当し、哨戒艦の供与、巡航ミサイルの輸出も決めた。マレーシアの空軍の訓練、インドネシアの戦闘機の整備、シンガポールへの基地貸し出しなどでも積極的に関与している。これらは、中国がインド洋に進出するならば、インドは南シナ海に進出するという、駆け引きの手段としての側面がある。

③宇宙・サイバー空間

さらに中国は、宇宙・サイバー空間でも活動をエスカレートさせている。特に、2007年に中国が行った弾道ミサイルを利用して人工衛星を破壊する衛星迎撃実験を行うと、インドは政策の転換を迫られた。インドはもともと宇宙の平和利用を掲げており、安全保障目的に衛星を利用することに積極的ではなかったが、その政策を転換したのである。インドの宇宙技術政策として非常に成功した分野であり、現在でも34機もの衛星を運用している。人工衛星を打ち上げるためのロケット技術が高かったために、のちに弾道ミサイルの開発にも成功した経緯もあるほどだ。そのため、いったんインドが宇宙技術を安全保障に転換することを決めると、ミサイル防衛システムの開発計画の中で衛星迎撃兵器、レーザー兵器などの開発プロジェクトも開始した。

その結果、インドは宇宙技術を海洋問題などに応用させ始めている。その一例が、インドがベトナムに設置し、ブルネイ、インドネシア、フィジーなどへ設置を決めた衛星追跡局である。表向きはインドが衛星を運用する際の衛星が収集した情報の受信施設であるが、実際には基地を置くことを認めてくれた国には、その情報をシェアする決まりになっており、ベトナムがインドの人工衛星を利用して南シナ海の情報を得ることができるようになった。2017年5月には、インドが、パキスタンを除く南アジア諸国すべてが利用できる衛星も打ち上げ、途上国が宇宙を利用して通信や情報共有ができるよう支援している。このような支援は、中国の影響力拡大に

対抗している国々に対して主に行われており、対中軍事戦略の一環として効果的に利用している。

おわりに　技術がインドの安全保障に与えた影響から何が言えるか

　以上、1947年の独立以後、インドの軍事戦略が技術によってどのような影響を受け、現在どのような方向性にあるのか、概観した。ここから何が言えるだろうか。少なくとも3つのことが言えよう。
　第1にインドは過去多くの実戦を潜り抜けながら軍事戦略を形成してきた。そのため、技術は、常に実戦に使用できるハイレベルのものを求め、国産品では供給できないことから、結局は外国の技術に強く依存し、国産開発技術が十分育たなかった。
　第2に、外国の技術では得ることができないいくつかのもの、つまり、核兵器とミサイル、宇宙技術については、インドは国産以外の選択肢がなく、最終的には自国での開発に成功した。これは一見すると外国依存にあるインドの技術開発能力の潜在的な高さを証明している。
　第3に、インドは新技術の開発能力にはまだ限界があるものの、既存技術を改良し普及させる技術で一定の影響力を持ち始めている。「とうがらし手榴弾」や宇宙技術による他の途上国支援は、この支援が特に中国に対抗している国々に焦点を絞って行われているために、安全保障上の影響力を持ち始めている。
　このようにしてみると、インドが技術面で安全保障に与える影響には潜在性があり、昨今のインドの変化を見れば、将来は技術面で世界の安全保障に大きな影響を与える可能性がある。その兆候を示しているのが、インドの軍事関連の公式文書だ。インドの過去の軍事戦略関連文書には、技術に関する記述は少ししかない。しかし、2017年に発表したインド陸海空軍統合の文書「統合軍ドクトリン」は技術に5頁も割いており、防衛技術は戦略的資源という認識のもと、単に技術の導入だけではなく、軍の構成と近代化の総合的な結果として、インドが自国で開発した武器で武装し、外国から独立した国防政策を追求できるようにすることが必要である、と記述している*2。実際この文書に続き、インドではAI（人工知能）の安全保障利用に関して研究した文書もでるようになった。技術に対するインドの

考え方が変化したことを示している。自国の技術で武装した、新しい大国インドの台頭を感じさせる傾向である。

註
1 "Indian Navy to Have Submarine Hunter Aircraft aboard All Its Warships", *Sputnik* Aug 25 2017, (https://sputniknews.com/asia/201708251056790397-indian-navy-warships/)（2017年8月31日アクセス）。
2 Headquaters Intergrated Defence Staff Ministry of Defence *Joint doctrine Indian Armed Forces*, April 2017, pp.51-55.

韓国の戦力増強政策の展開と防衛産業の発展
新技術獲得を目指す執念とその弊害

伊藤弘太郎

はじめに　韓国軍にとっての「技術」

　韓国は1948年の大韓民国政府成立時点において、自国の軍隊が使用する装備品を作る技術も生産基盤も持たず、米軍からの装備品供与によって軍隊としてのスタートを切った*1。その後、朝鮮戦争（1950～53年）が開戦して間もなく、装備に勝る北朝鮮軍が迅速な南進とソウル陥落を成功させたことは、当時の韓国軍の戦力が相対的に著しく低かったことの証左であることは改めて指摘するまでもない。

　朝鮮戦争後の韓国は、経済的にゼロからのスタートを余儀なくされた。軍の戦力増強も米軍頼みであることに変わりがなかっただけではなく、自らの技術力で小銃さえも生産できない状況であった。こうした状況を踏まえ当時の朴正熙大統領は、国防科学研究所（ADD*2）の創設（1970年8月）を皮切りに技術開発の基盤を構築させた。朴大統領は、同研究所に対して「1976年までに、少なくともイスラエル・レベルの自主国防態勢を目指し、銃砲、弾薬、装置、車両などの基本的な兵器を国産化し、1980年代初頭までに戦車、航空機、誘導弾などの精密兵器を生産できる技術を確保せよ」と指示したとされる*3。1974年には防衛産業育成と韓国軍の戦力強化を図る戦力増強事業、通称「栗谷（ユルゴク）事業」が開始されたのである。

　「漢江の奇跡」と呼ばれた高度経済成長によって、重工業を中心に経済が発展し、防衛産業も着実に成長していった。重工業の発展は戦車や艦艇などの大型装備品開発の基盤となり、装備品の大型化に大きく貢献した。1980年代の後半になると、朴正熙元大統領が目指した戦車・航空機などの装備品の生産能力を獲得したが、その過程においては米国からの技術移転が重要な役割を果たした。「韓国型駆逐艦」建造事業では現代重工業に対する米国・JJMA*4社による技術支援*5、初の戦闘機生産となったF-5のライセンス生産に際しては米国・GE*6社とのジェットエンジン装備に対

95

する技術提携*7を土台にして、同エンジンのライセンス生産を可能にし、1985年末までに一部部品の国産化に成功した。1990年代以降は、1991年の湾岸戦争における米軍の圧倒的なハイテク兵器の能力を目の当たりにし、米国からの先端装備品の導入を積極的に推進しながら、自らの技術革新により韓国製の装備品の高度化を図った。2007年に朝鮮日報が「韓国の10大名品武器」として、T-50ジェット練習機やK-9自走砲など10種を選定した*8。「名品」と評価されたこれらの装備品のほとんどが、主に米国からの技術支援を起源に持つものである。

以上のような歴史的経緯を踏まえ、本章では、技術力ゼロからのスタートを切った韓国が自国の防衛産業を立ち上げた後、米国からの技術支援を受けながら、自らの技術革新が韓国の防衛と防衛産業をどう変えたのか、それによって得られた成果と問題点について考察する。

1．防衛装備品の海外輸出拡大

韓国の防衛産業は誕生から40年以上の月日が経過し、海外への輸出額が2014年には約36億ドルとなるまでに成長した*9。2011年以降、韓国防衛産業の輸出額が急増し、その存在感を見せるようになった。その中でも特に目立った成果とされるのが、T-50の輸出成功事例である。T-50は単に練習機としてだけではなく、機関砲などの通常兵器に加えて、統合直撃弾（JDAM）などの誘導兵器も搭載可能にしたものをFA-50軽攻撃機として供給している。T-50はインドネシア、イラクなどと契約実績があり、今後はタイ、ボツワナ、米国への輸出を狙っている*10。特に対米輸出は18兆ウォン規模と大きく、文在寅政権が最も力を入れている案件でもある。

両機共に、既に導入された各国で活躍している。フィリピン・ミンダナオ島においては、2017年5月23日に戒厳令が出されて以来、同国軍によるマウテグループなどイスラム過激派勢力への掃討作戦が展開されているが、空爆作戦で成果を発揮しているのが韓国製FA-50軽攻撃機である。2005年以来、事実上ジェット戦闘機を保有していなかった同国にとって、2015年に配備された同機は重要な戦力となった。当初、同機の導入に懐疑的であったロドリゴ・ドゥテルテ大統領は「韓国が製作したFA-50が爆弾を浴びせてテロリストを掃討することを願う」と述べ、追加導入の意思を明らか

にしたという*11。同じくT-50を導入したインドネシアは、中国との領有権問題を抱える同国・ナツナ諸島で昨年10月に史上最大規模の空軍演習を実施した。観閲に訪れたジョコ・ウィドド大統領が同機を背景に撮影された写真を新聞記事で確認することができる*12。またT-50以外にも、潜水艦がインドネシアに、自走砲K-9がトルコ、ポーランド、フィンランドへ輸出され、アジアにとどまらず欧州など世界各国へ多種多様な装備品を輸出するまでに発展したのである。

2．米国への技術依存の実態と独自技術開発への執念

　このように技術力ゼロからスタートした韓国防衛産業が、約40年以上の歳月を経て飛躍的な成長を実現させた一方で、韓国軍の戦力増強を支えているのは、外国、特に米国からの輸入装備品である現実は依然として変わっていない。2015年12月にニューヨーク・タイムズ紙は米国連邦議会調査局（CRS）の資料*13を引用して、「2014年は韓国が世界最大の武器輸入国であり、ほぼ米国からの輸入で占められた」と報じた*14。2017年1月15日に韓国国防部と韓国防衛事業庁が発表した内容によれば、2006年から16年までの間に、米国から36兆360億ウォン（約3兆5000億円）相当の武器を購入したとされる。防衛事業庁関係者によれば「事実上、武器のほとんどを米国から購入している」と述べた*15。最近では、F-35A戦闘機40機（約7兆4000億ウォン）とグローバル・ホーク4機（約1兆3000億ウォン）の導入に加え、KF-16戦闘機134機の性能改良（約1兆7000億ウォン）などの韓国軍の戦力増強の中心となる大型案件が続いたとされる*16。また、2010年に起きた延坪島砲撃事件を受けて、2013年にはイスラエル製の地対地誘導ミサイル「スパイク」が、2016年には北朝鮮の主要指揮施設やミサイル施設を攻撃可能にするドイツ製の長距離空対地誘導ミサイル「タウルス」がそれぞれ実戦配備されるなど、北の挑発に応じて、自国の技術力では生産できない最新装備品を世界各国から機動的に導入してきたのである。

　更に、韓国製の防衛装備品自体を構成する部品の多くを、外国製に依存している現実も指摘しなければならない。各部品の国産化率は全体で66.1％、航空部門の装備品では最も低い39.6％である*17。外国への輸出成功例として挙げたT-50は、部品の国産化率が61％*18で、エンジンなどの主

要部品を米国・ロッキードマーチン社から供給されているため、韓国が外国へ輸出する際に必ず米国からの技術移転許可が必要となる。実際、ウズベキスタンへの輸出を計画した際に、米国からの許可を得られず断念したという事例*19がある。輸出だけではなく、韓国空軍所属のT-50で構成される曲芸飛行チーム「ブラックイーグルス」による中国広東省・珠海でのエアショーへの参加に対して、米国が難色を示したため派遣が中止されたように*20、米韓の間で利害対立する場面が散見されてきた。

　現在、韓国空軍のF-4・F-5戦闘機の代替となる国産戦闘機開発事業（KF-X事業）が推進されているが、当初米国からの重要部品の技術移転が承認されず政治問題化した。そこで韓国側は重要技術の独自研究・開発を決定した。最も技術移転を希望したアクティブ電子走査アレイ（AESA*21）レーダーを国防科学研究所の監督の下、民間のハンファ・システムが開発することになった*22。それ以外にも約90品目の部品を国産化し、金額ベースの国産化率目標を65％に設定した。海外にも300〜400機程度輸出可能との予測が立てられている*23。独自開発を優先するが余りに10年近い歳月を要し、空軍力に空白期間ができる恐れがあることを指摘されながらも、独自の技術力を発展させて開発する方針を定めたのである。

　一部報道によると、2017年4月10日に、韓国防衛事業庁は米国との折衷交易*24を取りやめることにしたという。同庁関係者によれば、「折衷交易の代わりに、国内の技術を最大限活用して、海外から導入しなければならない技術は適正価格を与えて購入する方向で事業を推進する」と述べたとされる*25。韓国側の主張は、米国との装備品購入契約を結んでも技術移転の時期が遅れることが常にあり、韓国政府は米国に折衷交易で計2491件の技術移転を要求したが、実際反映されたのは34％に過ぎなかったという*26。

　韓国が独自技術による国産品の生産にこだわる理由は、米国からの技術移転の遅滞に業を煮やした韓国の官民防衛産業関係者が、米国依存から脱皮しようとする強い意志を持っているからである。その意思の裏には、40年かけて蓄積してきた技術力と外国との装備品取引で培われたノウハウや、サムソンなどに代表される最先端の電子産業が世界的な技術力を持つ企業にまで成長したことに対する自信があるのだろう。従来、常に技術的優位の立場にあった米国が韓国に対して振る舞ってきたように、韓国自身が今

芙蓉書房出版の新刊・売行良好書

スターリンの原爆開発と戦後世界
ベルリン封鎖と朝鮮戦争の真実
本多巍耀著　本体 2,700円

ソ連が原爆完成に向かって悪戦苦闘したプロセスをKGBスパイたちが証言。戦後の冷戦の山場であるベルリン封鎖と朝鮮戦争に焦点を絞り東西陣営の内幕を描く。スターリン、ルーズベルト、トルーマン、金日成、李承晩、毛沢東、周恩来などキーマンの回想録、書簡などを駆使したノンフィクション。

英国の危機を救った男チャーチル
なぜ不屈のリーダーシップを発揮できたのか
谷光太郎著　本体 2,000円

ヨーロッパの命運を握った指導者の強烈なリーダーシップと知られざる人間像を描いたノンフィクション。ナチス・ドイツに徹底抗戦し、ヤルタ、ポツダムまで連続する首脳会談実現のためエネルギッシュに東奔西走する姿を描く。

スマラン慰安所事件の真実
BC級戦犯岡田慶治の獄中手記
田中秀雄編　本体 2,300円

日本軍占領中の蘭領東印度(現インドネシア)でオランダ人女性35人をジャワ島スマランの慰安所に強制連行し強制売春、強姦したとされる事件で、唯一死刑となった岡田慶治少佐が書き遺した獄中手記。岡田の遺書、詳細な解説も収録。

クラウゼヴィッツの「正しい読み方」
『戦争論』入門
ベアトリス・ホイザー著　奥山真司・中谷寛士訳
本体　2,900円

『戦争論』解釈に一石を投じた話題の入門書 Reading Clausewitz の日本語版。戦略論の古典的名著『戦争論』は正しく読まれてきたのか？従来の誤まった読まれ方を徹底検証し、正しい読み方のポイントを教える。

ジョミニの戦略理論
『戦争術概論』新訳と解説
今村伸哉編著　本体　3,500円

これまで『戦争概論』として知られているジョミニの主著が初めてフランス語原著から翻訳された。ジョミニ理論の詳細な解説とともに一冊に。

ルトワックの"クーデター入門"
エドワード・ルトワック著　奥山真司監訳
本体　2,500円

世界最強の戦略家が事実上タブー視されていたクーデターの研究に真正面から取り組み、クーデターのテクニックを紹介するという驚きの内容。

芙蓉書房出版
〒113-0033
東京都文京区本郷3-3-13
http://www.fuyoshobo.co.jp
TEL. 03-3813-4466
FAX. 03-3813-4615

後開発する装備品の核となる最先端の技術を獲得することにより、外国への装備品移転の際に、必要となる部品の国産化率を限りなく上げて売却による利益を最大化することと、それにより米国への技術依存からの脱却を果たすことが韓国の目標である。

3．韓国の戦力増強をめぐる問題点

韓国の国防目標は長らく「北朝鮮からの脅威に備えること」であった。その国防目標に基づき、韓国軍の戦力増強政策は、基本的な装備品の生産基盤を構築して軍隊としての最低限の体裁を整えた1970年代、戦車や航空機などの大型装備品を作る基盤を完成させた1980年代、精密兵器技術と生産基盤を整えた1990年代、技術革新により付加価値の高い装備品開発を可能にした2000年代から現在に至るまで実行されてきた。しかし、最近の装備品は対北脅威の対応としては過大な装備が多いのではないかとの指摘がある。特に、海軍は1990年代以降、高価な大型揚陸艦やイージス艦の生産と導入を積極的に推進してきた。大型の艦艇を保有せず、中小の艦艇や潜水艦が中心の北朝鮮海軍と対峙するには過大なのではないかという批判を受ける所以である。

冷戦体制崩壊後、金泳三政権は対北脅威認識の変化により、より多様な脅威に対応し、北朝鮮との統一に備えるため、国防目標を「敵の武力侵攻から国家を保衛＊27」から「外部の軍事的脅威と侵略から国家を保衛＊28」へと変更した。それにより国防力が単に北朝鮮への対応が目的とは言えない部分を含み始めていた＊29。1995年4月1日に当時の安炳泰(アンビョンテ)海軍参謀総長が就任の挨拶で「大洋海軍建設準備」を唱え、同年海軍本部が「大洋海軍＊30」の概念を確立し各部隊に伝えられた。以後、1999年就任の李秀勇(イスヨン)海軍参謀総長（当時）は「21世紀大洋海軍建設」を、2001年就任の張正吉(チャンジョンギル)海軍参謀総長（当時）は「大洋海軍建設」を標榜するなど、海軍は継続して大洋海軍建設の意志を明らかにしてきた。これらはすべて、資源小国である韓国にとって重要なシーレーン防衛や、2000年代以降本格化した平和維持活動への積極的な参加などを目的とした海軍の新たな任務の拡大に基づく方針であったのである。

しかし、2010年3月26日に起きた天安艦撃沈事件以降、韓国海軍は大洋

艦隊の語句の使用を自粛した。不意にも北朝鮮軍潜水艦による魚雷攻撃を許してしまったことにより、「近海（沿岸）防衛もできない海軍が大洋海軍を名乗ることができるのか」という世論の批判を浴びたからである。これにより、当時の合同参謀本部は、戦力増強の方向を対潜水艦作戦と沿岸での北朝鮮の奇襲挑発、北朝鮮の海上特殊作戦部隊を撃退するために必要な能力と装備品を先に確保することに変更したのである*31。

　海軍力だけでなく陸上戦力においても、北の挑発に不意を突かれる事態が生じた。同年10月23日に発生した延坪島砲撃事件の際には、韓国・海兵隊が同島に配備していたK-9自走砲6門のうち2門が作動せず反撃に支障が出ただけにとどまらず*32、北朝鮮軍による電波妨害（ジャミング）によって韓国側の対砲兵レーダーが作動せず、前線部隊においてはどこから北の砲弾が来るのか分からず混乱が生じた。北は無人偵察機を投入して自らが発射した砲弾の着弾地点を見守るなど用意周到な準備体制を見せつけた一方で、韓国軍は作戦上の不備を露呈したのである*33。この結果に対して、当時の李明博政権下で国防先進化推進委員長を務めた李相禹（イサンウ）ハンリム大学元総長は、「我々は第4世代の武器を備えた。しかし、軍の構造や戦略、運営体制、思考は第2世代だ。韓国戦争*34、ベトナム戦争が第2世代戦争だ。反面、北朝鮮は資金不足でほとんどの武器が第2世代だが、戦略・訓練・企画・思考方式は第4世代だ。したがって、戦っても勝てない。我々は産業化と経済発展の成功に陶酔し、政府・軍・国民が傲慢になり、北朝鮮を過小評価した」と痛烈に批判した*35。この事案では装備品の信頼性という観点からも、「名品」と評価されてきたK-9自走砲が「肝心な有事の際に欠陥が生じた」という不名誉な結果をもたらしたのである。

　空においても例外ではない。2017年6月9日には韓国東部の南北軍事境界線付近に位置する江原道（カンウォンド）・麟蹄郡（インジェグン）の山中で発見された無人機からは、高高度迎撃ミサイル（THAAD*36）が配備されている慶尚北道（キョンサンブクド）・星州郡（ソンジュ）にある基地が写った画像が19枚保存されていた。飛行時間は5時間33分、距離にして約490キロを韓国空軍の警戒網にかかることなく飛行し、北側の想定よりも早く燃料が消耗して墜落したと見られることが判明した。2017年以前にも同様の事案を経験しているが、侵入の事実すらも把握できなかったか、あるいは、無人機の機影をレーダーで補足して戦闘機や攻撃ヘリを動員しながらも撃墜することができなかったのである。こうした事態を重く

見た韓国軍は、北朝鮮の小型無人機を探知・撃墜できる新型のレーダー、対空砲、レーザー対空兵器をできるだけ早期に戦力化すると表明したとされる*37。

　1990年代に入って以降、韓国の陸軍・海軍・空軍・海兵隊の装備品の大型化やハイテク化という戦力増強政策が、度重なる北朝鮮軍による局地挑発に対して成果をいかんなく発揮してきたとは言い難いだろう。むしろ、北朝鮮軍は韓国軍に比べて装備品の性能が格段に劣りながらも、非対称な戦力を有効に活用して韓国軍の戦力の穴をうまく突いている。それに対して韓国軍は、その都度予算を投じて新たな装備品の導入や新しい技術の開発によって対応してきたのである。

　更に同時並行で、大型装備品の導入が着実に進んでいる。特に、前述の「大洋海軍」構想は着々と実行されている。2010年に韓国海軍初となる「第7機動戦団」が創設された。同機動戦団はイージス艦「世宗大王」、大型揚陸艦「独島」などで構成され、2016年には母港となる済州海軍基地が完成した。2017年4月には2隻目となる大型揚陸艦の建造が開始されている。実際のオペレーションでは、2009年からはソマリア沖・アデン湾における海賊から韓国船を護衛する部隊を派遣、2011年1月には海賊によって人質になった韓国籍タンカー乗組員を、護衛部隊所属特殊部隊が武力を使用して救出した。大洋海軍の大義名分を果たした作戦に対して国民から大きな支持を得るに至ったのである。

おわりに　韓国の戦力増強と防衛産業振興策の今後の課題

　韓国軍は自前の装備を用意できず、生産する技術もなかった時代から、世界の先進国の軍隊に引けを取らない最先端の装備品を外国から導入して、自国の技術によって生産可能な防衛産業を発展させた。これほどまでに韓国軍の装備が質的に北朝鮮を上回り、世界各国に輸出できるまでに防衛産業が発展したというサクセス・ストーリーは、韓国国民の自尊心を十分満たしたはずである。しかし、その輝かしい発展の歴史と表裏一体となってきたのが、防衛装備品の開発・調達を巡る不正の存在である。従来は外国製装備品を導入する際に、韓国軍OBなどが仲介業者として介在して、不法なリベートを受け取るといった外国との取引における不正が多かったが、

最近は国内防衛産業が関わる問題が深刻化している。2017年5月に政権の座に着いた文在寅大統領は、長年の防衛産業の「積弊清算」を掲げて不正の一掃を図ろうとしている。矢継ぎ早に、前述の輸出成功事例として挙げたT-50の国内導入を巡って、生産者であるKAI＊38（韓国航空宇宙産業）側が価格を水増ししていた疑惑が浮上した。また、同様にKAIとの契約によって開発され、初の独自技術によって生産された国産ヘリコプターとして大々的に宣伝された「スリオン」は、国産化とは名ばかりでフランス・エアバス社からの技術移転に依存し、2012年の部隊配備からほどなくエンジンの欠陥や機体内部まで雨水が漏れるといった技術的問題が明らかになった＊39。同機の開発プロジェクトは軍用だけではなく、民間向けのものも含まれていることから、今回の不祥事発覚により大きな損害が生じるものと見られ、早くも防衛産業関連株が下落している。

　これら一連の不祥事の背景には、装備品の輸出拡大に積極的であった李明博、朴槿恵両政権期において、防衛装備品を独自技術獲得による「国産化」と「外国への輸出拡大」を積極的に図るという「政治からの要請」と「国民からの期待」の中で、現実との辻褄が合わない部分が出てきたために、それを埋める「不正」が生じてしまったと推察することが可能である。

　これ以外にも、新しい装備品開発における問題点としては、国民に対して自尊心やナショナリズムを刺激することによって、国防予算の獲得を容易にさせ、技術革新の原動力としていることである。こうした手法は他国と比べて技術革新が速く進む原動力となる反面、その副産物として、艦艇に「独島」、潜水艦に「安重根」などと命名されたように、ナショナリズム、特に日本に対する対抗意識が前面に出てしまう結果を生み出している。2016年5月に大型揚陸艦「独島」が指揮艦として参加した多国間軍事演習「パシフィック・リーチ」において、同演習に参加していた海上自衛隊幹部が同艦への乗船を拒否したという報道＊40や、独島艦の建造計画が明らかになった際は、「日本から独島（日本名：竹島）を防衛するために大型揚陸艦が必要だ」といった刺激的な内容のメディア報道が散見された。いずれも、核・弾道ミサイル開発を強行する北朝鮮に対抗して、一層深化させなければならない日韓の安保協力に水を差す出来事である。日米韓の3か国協力にも少なからず影響を及ぼしているに違いない。

　韓国の国防費は北の軍事的脅威によって増加し続けている。同時に、日

本と同じく急激な少子高齢化社会の到来によって、社会保障費の増加が問題となっている。増大する北の脅威と限られた財源の中で、韓国は今後どのような戦力増強と防衛産業振興を図っていくのか、戦略的利益を共有する隣国の戦力増強をめぐる動向について、我が国の防衛産業振興を考える観点からもより詳細な分析を行っていく必要がある。

註
1 韓国国防部軍事編纂研究所編『韓米同盟60年史』、2013年、33頁。
2 ADD: Agency for Defense Development.
3 「朴大統領指示後1か月で小銃、迫撃砲を作る」『東亜日報』2013年6月17日
http://news.donga.com/3/all/20130617/55906503/1
4 JJMA: John J. McMullen Associates
5 ソ・ウドク、シン・イノ、ジャン・サミョル『防衛産業40年　終わりのない挑戦の歴史』韓国防衛産業学会、2015年、487頁。
6 GE: General Electronics.
7 ソ・ウドク他『防衛産業40年　終わりのない挑戦の歴史』、310頁。
8 「世界トップレベルの戦車・アジア最大の上陸艦…韓国の10大名品武器」『朝鮮日報』2007年5月15日。選ばれたのは、①T-50ゴールデンイーグル、②K-9自走砲、③XK-2次期戦車、④艦対艦ミサイル「ヘソン（海星）」、⑤携帯用対空誘導弾「シングン（新弓）」、⑥大型上陸艦「独島艦」、⑦KT-1基本訓練機、⑧潜水艦魚雷「ペクサンオ（白鮫）・チョンサンオ（青鮫）」、⑨KDX-2韓国型駆逐艦、⑩巡航ミサイル「玄武」。
9 韓国防衛事業庁『2017年度防衛事業統計年報』2017年6月、216頁。
http://www.dapa.go.kr/common/downLoad.action?siteId=dapa_kr&fileSeq=l_43575
10 「韓国航空宇宙産業、フィリピンに攻撃機12機引き渡し」『中央日報（日本語版）』2017年7月5日
http://japanese.joins.com/article/882/230882.html
11 同上。
12 "Jokowi inspects Indonesian military drills in South China Sea," *Today Online*, October 6, 2016,
http://www.todayonline.com/world/asia/jokowi-inspects-indonesian-military-drills-south-china-sea
13 Catherine A. Theohary, *Conventional Arms Transfers to Developing Nations, 2007-2014*, Congressional Research Service, December 21, 2015. https://fas.org/

sgp/crs/weapons/R44320.pdf
14 Nicholas Fandos, "U.S. Foreign Arms Deals Increased Nearly $10 Billion in 2014," *The New York Times*, December 25, 2015,
https://www.nytimes.com/2015/12/26/world/middleeast/us-foreign-arms-deals-increased-nearly-10-billion-in-2014.html
15 「米国からの武器購入　10年余りで3.5兆円」『聯合ニュース（日本語版）』2017年1月15日
http://japanese.yonhapnews.co.kr/headline/2017/01/13/0200000000AJP20170113004600882.HTML
16 同上。
17 韓国防衛事業庁『2017年度防衛事業統計年報』230頁。
18 「韓国の戦車・自走砲さえ核心部品は外国産」『中央日報（日本語版）』2015年11月13日
http://japanese.joins.com/article/366/208366.html?servcode=300&sectcode=320
19 「T-50（国産超音速高等訓練機）ウズベク輸出、米国反対で霧散」『朝鮮日報』2015年10月24日
20 「米、韓国空軍特殊飛行チーム（ブラックイーグルス）中国行き防ぐ」『朝鮮日報』2014年10月9日
21 AESA: Active Electronically Scanned Array
22 「国産戦闘機の要　AESAレーダーの試作品を初製作」『聯合ニュース（日本語版）』2017年7月13日
23 「韓国型戦闘機事業に本格着手(1)」『中央日報（日本語版）』2016年1月21日
http://japanese.joins.com/article/089/211089.html?servcode=200&sectcode=200
24 オフセット契約のこと。外国の装備品を購入する見返りに、相手国から技術移転などの利益を得ること。
25 「米国武器取引『折衷交易』中断…韓国防衛産業技術独立宣言」『イーデイリー』2017年4月11日
http://www.edaily.co.kr/news/NewsRead.edy?SCD=JF31&newsid=01528486615895136&DCD=A00603&OutLnkChk=Y
26 同上。
27 韓国国防部『国防白書1993〜1994』1993年10月、16頁。
28 韓国国防部『国防白書1994〜1995』1994年10月、20頁。
29 渡邊武「金泳三政権期における脅威認識の二元化—三軍の均衡発展と主敵概念をめぐって」鐸木昌之、倉田秀也、平岩俊司編『朝鮮半島と国際政治—冷戦の展開と変容』（慶應義塾大学出版会、2005年）、89頁。

30 「外洋海軍（Blue Water Navy）」と同義。自国の沿岸にだけではなく、世界の各海域で長期的に艦隊を運用し、作戦を展開できる能力を保有する海軍のこと。
31 「大洋海軍再び挑戦しよう(2)天安艦以降消えた海軍の未来」『アジア経済』2012年1月22日
　http://www.asiae.co.kr/news/view.htm?idxno=2012012215111730003
32 「爆発事故が発生した国産K-9国産自走砲、2009年から故障続発」『中央日報（日本語版）』2017年8月21日
　http://japanese.joins.com/article/512/232512.html
33 「韓国軍は北朝鮮に勝てない…武器で優勢も戦略は劣る（1）」『中央日報（日本語版）』2011年2月14日
　http://japanese.joins.com/article/420/137420.html?sectcode=&servcode=200
34 朝鮮戦争のこと。
35 「韓国軍は北朝鮮に勝てない…武器で優勢も戦略は劣る（2）」同上
　http://japanese.joins.com/article/421/137421.html?sectcode=&servcode=200
36 THAAD: Terminal High Altitude Area Defense
37 「北朝鮮の無人機、5時間33分・490キロ飛行」『中央日報（日本語版）』2017年6月22日
　http://japanese.joins.com/article/439/230439.html?servcode=500&sectcode=500&cloc=jp|main|breakingnews
38 KAI: Korea Aerospace Industries
39 「韓国産ヘリ『スリオン』、問題があっても韓国軍に納品(1)」『中央日報（日本語版）』2017年7月17日
　http://japanese.joins.com/article/333/231333.html?servcode=200&sectcode=200
40 「海上自衛隊、共同訓練を指揮する強襲揚陸艦『独島』への乗船拒否」『ハンギョレ（日本語版）』2016年5月27日
　http://japan.hani.co.kr/arti/politics/24256.html

特別インタビュー
日本の防衛装備品の課題と今後の展望

防衛省南関東防衛局長
堀地　徹

——防衛装備品のグローバル市場の現状について伺わせてください。

　装備移転三原則の制定から2年半が経過しました。我が国の防衛装備品の海外移転は、この間の経験や失敗を踏まえて、具体的な成果に結びつけていく時期に来ていると思います。

　まず、国際的な武器市場の現状についてはストックホルム国際平和研究所のデータを示されています。国際的な市場は競争が激化していますが、昨年上位100社の防衛生産の売り上げ合計は3707億ドル（対前年 0.6％減）と合計が下がっているのが特徴です。その要因は、世界最大の市場である米国の国防予算の削減であり、結果として、各企業は米国以外での市場を求めて国際競争は一層激化しているといえます。上位10社の市場の占有率は50％を超えており、近年の比率が上昇しており、競争力のある実績のある企業の寡占化が進行しているわけです。その国別の内訳をみると、上位100社の米企業は約56％、欧州が25％、つまり、100社の約8割は欧米で占められているのが実情です。その中で、韓国（＋31.7％）企業の売り上げが急速に伸びているのも特徴の一つでしょう。

　日本企業では100位内に3社、三菱重工（28位）、川崎重工（37位）、三菱電機（76位）があがっています。日本企業の特徴は防衛売上の比率が低いことで、それぞれ、9％、18％、2％であり、全社の中の中核的な部門ないことがわかります。欧米の巨大防衛産業であるロッキードマーティンの79％、BAE93％は主力が防衛であることがわかります。ボーイング（29％）やエアバス（18％）は防衛比率が低いですが、主力は民間航空機ビジネスと宇宙部門であることを念頭に置く必要があり、日本企業は国際的には珍しい形態といえるでしょう。

　次に、武器の輸出輸入の国別の状況をみてみましょう。2011～2015年間

の輸出累計を見ると、上位15か国（米国・ロシア・中国・フラン・ドイツ、英国、スペイン、イタリア、スペイン、イタリア、ウクライナ、オランダ、イスラエル、スウェーデン、カナダ、スイス、韓国）で輸出総額の96％を占有し、米ロでは9割、欧米で6割、西欧だけで25％を占めています。それぞれ実績なる国からの成熟した市場といえます。日本が海外への装備移転を考えるとき、これらの国とどのように向かい合っていくかの戦略を持つことが必要となるでしょう。

　それでは、輸入はどうか。現在は、上位は、インド、サウジアラビア、中国、UAE、豪州といったアジア太平洋・中東アフリカ地域が中心です。先ほど述べたように、米国の国防費1割削減の影響もあり、米国市場から海外への展開を強化しています。インドは、世界最大の武器輸入国であり、各国とも積極的に売り込みをかけています。

――こうしたグローバルな市場の一方で、これまでの装備庁の施策はどのようなものでしょうか。

　防衛装備庁が新設されてちょうど2年が経ちました。ゼロの状態からスタートしたわけですが、米国との関係、欧州や豪州、また東南アジアへとかなり積極的に取り組み、一定の成果をあげつつあるといえるでしょう。
　まず、装備協力をするにあたっては、相手国との武器技術に関する保全、第三国への移転の制限など、国家間での約束事である防衛装備品・技術移転協定の締結が前提となります。その協定は、既に米英仏印比豪馬伊と結んでおりますし、欧州や東南アジアとの装備協力にかかる協議を重ねています。
　米国とは2年前に締結した新ガイドラインにおいて、「装備」との項目が新設されました。米国との装備品の部品や役務、ロジスティクスの協力、互恵的な装備調達を行い、仕組み自体の相互理解パートナーとの協力の機会の探求など、米国との装備技術協力は、新しい段階に入りつつあるといえます。ただ単に米国から完成品の兵器を購入するだけでなく、米軍の運用をより効果的に実施しうるよう、日本の産業力、日本の強みをいかした維持修理基盤、サプライチェーン、ロジスティックスというところに広がる可能性をもっていることです。具体事例として、F-35のリージョナル

デポの設定とか、在沖米軍のオスプレイの整備を日本で行うなど、日米の共通装備の整備基盤の確立が実現しました。日本の産業がその優れた生産技術を生かし、米国の装備運用を支え、日米同盟の強化のみならず、日本の産業の活性化にも資すると期待されます。

　英国とは、装備移転協定の米国についで2か国目の国ですが、それ以降、かなり具体的な協議を重ねてきました。特に、研究レベルでの共同事業のほか、新たな空対空ミサイルの共同研究が進められています。

　フランスは、太平洋地域に広大な領土と海域をもつ海洋国家でもあります。フランス企業はアジアにおいても実績が豊富であり、アフリカはじめ各地の装備運用の実績があります。日本には欠落している実運用からのニーズを的確に反映した装備システムに取り入れています。フランスは、日本のものづくりの強さに関心があり、日仏間では半年に一度のペースで協議を重ねています。

　豪州とは、潜水艦に関しては残念な結果に終わりましたが、研究レベルでの装備技術の協力が具体的に進んでいます。インドは、世界最大の武器輸入国であり、米国や欧州企業が積極的に販売戦略を立てており、極めて大きな買い手市場となっています。インドビジネスは難しいといわれていますが、地政学的にも我が国の安全保障を考えていくうえでも、インドとの関係を構築してくことは重要です。救難艇US-2を中心に協力を模索していますが、なかなか実現には至っていません。

　ASEANは、日米は南シナ海の航行の自由という点で力が入れられているところです。他方で、中国との様々な形での連携を歴史的に有しており、我が国としても、経済面での連携はかなり広範囲に進められていますので、装備協力の観点でも積極的に進めるべき地域であす。すでに、ベトナム、タイ、マレーシア、インドネシア、フィリピンとの具体的な協議を進めていますし、国と防衛産業がともに参加して協力案件を議論していくフォーラムも開催しています。フィリピンには、海上自衛隊が使用していた練習機TC-90の供与をしました。無償供与についての自衛隊法改正により実現しました。これは航続距離が長いので―現有機の2倍―、スプラトリー諸島まで往復で行ける能力があり、海洋監視能力に寄与するため、フィリピン側は大変喜んでいます。

　また、艦艇の整備計画の教育を実施しています。

——今後の課題についてはどのようにお考えでしょうか。

　防衛、装備というと、なんだかおどろおどろしいイメージをもたれるかもしれませんが、昨今の装備技術の趨勢からは、国民の安心安全をどう保つか、情報通信などの技術革新により、個々人が自分の家や車、財産、いのちを守るのと同じような取り組みが求められています。宇宙、サイバーなどは、国家として取り組まなくてはなりませんが、その技術や方法は、軍とか民とかの区別がなくなっています。こうした先端的な技術をいち早く取り入れ、装備システムを常に最新の状態に維持していくことが求められます。技術的に古いものは、一瞬のうちに、なにが起こったかわからないうちに機能が停止してしまうでしょう。そうした最新の技術をどう装備に応用していくべきか、世界は何を求め、いま力を入れているのか、他国の装備システムより優位にするためにはどんなことをするべきか、目の前の技術の追随は日々考えて対処する必要があります。他方で、20年先の姿を想像して、まったく現在とは異なるものを生み出していくことが必要です。そうした創造性を持ちつつ、機敏に技術を反映する柔軟性が不可欠でしょう。そのためには、国際市場を支配している各国・企業との様々ン形での連携、装備協力を進めていくことが必要でしょう。その際、日本の強みを生かして、政府は相手国との政策的利益からのパートナリングを行い、民間企業はビジネスとしての視点で判断をできるよう目ききをできるようにしていく必要があるでしょう。よく耳にしますが、日本の技術はすごいから他国がほしがる、との単純な神話はすてて、リアリティをみることが官にも民にも必要でしょう。
　日本の強みは、品質や精度、安定性などでしょう。そうした強みは、中小企業がもっているでしょう。欧米諸国でも、中小企業のイノベーションを発掘するべく、ファンディングプロジェクトを実行しています。従前の防衛産業というくくりにとらわれず、積極的に日本の強みを生かし、育てていく仕組み、取り組み、それを交流させる場に力を入れていく必要があるでしょう。
　もう一つ、考えていかねばならないのは、調達補給制度の国際化でしょう。国際的な装備ビジネスでの調達制度、会計制度に対応していく必要があります。装備ビジネスは、数兆円に及ぶこともある巨額で、技術、生産、

国家など様々なリスクを有しています。日本の調達会計制度にはまったく対応できません。米国企業が中心の装備市場では、ビジネス手法、投資判断、リスク分析など、米国方式での数値化が不可欠でしょう。知らないと思わぬリスクを背負う可能性があります。米国のアカウンティング手法、基本的には、米国の規則（FAR、DFARS等）に準拠していくことが必要でしょう。その際、装備庁で進めようとしているプロジェクトマネジメント、これに係る様々な手法で協議していく必要があります。いまのままでは外国に日本語で協議しているようなものです。それと同時に、米国市場への参画においては、企業セキュリティを米国基準で適用することが必要でしょう。情報保全体制を企業内で構築する上では、安全保障ビジネスでは大前提です。こうした日本の産業の国際化を進めることは、意識面から始め、知識面、そして実践と進めていくことが必要です。

——所掌されている南関東防衛局の状況としてはいかがでしょうか。

　私の所掌する南関東防衛局では、神奈川県、静岡県には、非常に優れた企業が所在しています。ただ、こうした企業さんとお話しする機会があるのですが、これまで防衛とは、あまり縁がなかった、敷居が高かった、情報は全くない、国防は大手のものだと思っていた、などと話しています。非常に優れた加工技術を有している企業も多く、最先端の仕事に、チャレンジしたいというオーナーさんもいらっしゃいます。
　しかし、地域の企業がどのような技術を有しているのか、それを応用したら何ができるか、まったく掴めていません。おそらく優れた企業をつなぎ、ニーズを提供することで、優れた製品が生み出される可能性を秘めていると思います。今後は、こうした中小企業さんをつなげていく、また、成功を体感してもらうことが重要です。防衛の側からのニーズと優れたシーズを発掘し、マッチングさせていくことは極めて重要だと思います。
　防衛装備庁では、国際展示会の出展に中小企業を支援したり、経産省と連携して国内外の防衛産業などへの説明会を開いたり、その発掘に取り組んでいます。

——最後に、防衛産業の法的な基盤についてお聞かせください。

防衛産業とは、特定の製品を作る業界ではなく、したがって法的な基盤はありません。使用者が自衛隊、他国軍であるというだけです。防衛省では、このため、自衛隊の装備さ支えるという意味を込めて、防衛生産・技術基盤という言い方をしています。ただし、防衛省は買い手バイヤーであり、使用者ユーザーです。ですから、その視点で、優れた装備を支える生産技術基盤を確保しうるよう政策を進めています。研究・開発費は100％負担しますし、装備品の購入には、企業が使用したリソースをすべて国が支払う仕組みをとっています。経済原則よりも優れた性能を効果的に発揮するか、パフォーマンスに価値基準を置いています。そうした観点で、優れた開発生産維持を最大のパフォーマンスを獲得できるよう企業から調達します。企業は、利益を追求しますから、そのユーザーの満足するパフォーマンスを提供するモノを提供して利益を上げる、そのため新たな価値を創造しうる取り組みを促す必要があります。市場原理が働かない部分は大きく、長期にわたり投資回収するような産業が従前からの防衛産業です。他方で、最新の優れた技術は、民生技術から入ってきますので、こうした技術を積極的に取り入れなければなりません。その民間技術を有している企業は防衛産業なのか。防衛産業といった定義自体が変化しており、伝統的なプライムメーカーたる防衛産業と、防衛・民需の境目のなくなってきた最新のイノベーションを期待する分野、それぞれにバイヤー、ユーザーとして取り組んでいく必要があるということになります。したがって、法的な基盤とはなにか定義できないと思いますし、防衛・民需に境目を設けることは適切ではないと思います。

　昨今、米国からの完成品の輸入が急増しています。日本の産業は、この状況下において、国際的な装備協力に出ていくことが未来への事業展開、成長につながるのは必至です。このためには、積極的に海外の情報を取り入れ、会計制度・保全制度は欧米型に適用し、サプライチェーンを強固かつ柔軟にし、イノベーションを起こす努力は必要でしょう。その結果、日本の産業は強くなり、我が国の防衛能力も長期的に発展していくことが期待されます。

第3部

技術が変える
戦争形態

ドローン技術の発展・普及と米国の対外武力行使
その反作用と対応

齊藤 孝祐

はじめに　ドローンはいかなる意味で「イノベーション」をもたらしたのか

　ドローンの発展と普及が急加速し、各国の政策や国際安全保障環境に少なからぬ影響を与えつつある。特にドローンの利用を主導的に進めてきた米国の安全保障政策は、もはやそれ抜きに成り立たないものとなっている[1]。2001年度には6.7億ドル弱だった米国におけるドローンの調達・研究開発費はその後飛躍的に伸び、2012年度の予算要求では39億ドルとなった。2002年には169機だった機体の保有数も10年ほどで7500機あまりとなり、さらに運用面では偵察や監視だけでなく、空爆や標的殺害といった攻撃的任務にも導入されるようになるなど、その役割は拡大の一途をたどっている。

　実際のところ、無人化された機体を開発し、軍事目的で活用しようというアイディアは古くから存在する。たとえば有人機が訓練を行う際の標的として用いられたり、あるいは限定的な偵察任務を担わせるといった取り組みはすでに長らく行われてきたことである。その意味では、単に新しいアイディアや技術の登場という側面だけに注目するならば、ドローンそれ自体は必ずしも新規なものではないのかもしれない。では、2000年代にドローンが爆発的に発展・普及したことは、いかなる意味でイノベーションなのか。またそれは、武力行使やそれを取り巻く政治環境にどのような変化をもたらしたのだろうか。

　新たな技術やアイディアの登場は、国家間関係におけるそれまでのパワーバランスや行動原理を大きく変える、いわゆる「ゲームチェンジャー」として作用することがある。それゆえに、ドローンに限らず、イノベーションやその普及の様相を分析する作業は国際政治学における主要な課題の一つであった。特に冷戦後、米軍のハイテク化と連動して「軍事における革命（Revolution in Military Affairs：RMA）」に注目が集まるようになると、安

全保障領域においてイノベーションをどう捉えるか、という問題意識は学術的にも政策的にも大きく高まった。しかし、そこではいかなる要因によって新たな軍事的アイディアや技術が発展、拡散（模倣や受容）されていくのかという点に注目が集まり、イノベーションという概念が明確に定義されないまま分析が展開されるケースもしばしば存在する。その結果、イノベーションそのものの性質をいかに捉えるか、という視点が十分に深められてきたわけではない。

そこで本章では、イノベーションの普及に関する理論を体系化したロジャーズ（Everett Rogers）の議論にヒントを得て、現在に見られるドローンの発展と普及がいかなる性質を備えているのかを検討し、なぜ安全保障分野において近年ドローンの発展が急速に進んだのか、また、それに対する反作用がいかなる側面で生じたのかを考察する。ロジャーズはイノベーションを「個人あるいは他の採用単位によって新しいと知覚されたアイディア、習慣、あるいは対象物」と定義する。そのうえで、その普及速度を規定する特性として、①既存のイノベーションに対する利点（相対的優位性）、②一般的な理解や応用の難しさ（複雑性）、③イノベーションの効果が人々の目に触れ、評価伝達につながる度合（観察可能性）、④実際に小規模で試してみることができる度合（試行可能性）、⑤それまでに存在していた価値観との関係（両立可能性）の5つを取り上げる*2。やや限定的にではあるが*3、このようにイノベーションの特徴をある程度細分化して扱うことが可能な分析視角を取り入れることで、従来の国際政治学的な分析では単に技術採用者（国家や国内アクターを含む）のニーズや戦略的要請の問題にまとめられてしまいがちなイノベーションの構成要素を多面的に検討することが可能になるだろう。以下ではこのような視点から、米国の武力行使におけるドローン利用の拡大とその問題点について考察を進めることにしたい。

1．イノベーションの視点から見るドローンの利用拡大

ドローンをめぐる歴史は古いが、米国における利用は1990年代まで限定的なものであった。湾岸戦争でも、以前から開発・配備が進められていたドローンが投入される局面があり、1999年のコソボ空爆においても偵察任

務などに用いられたが、2000年代初頭までは軍の内部においてもドローンの重要性に関するコンセンサスは成立していなかったといわれる*4。それがブッシュ（George W. Bush）政権における「ネットワーク中心の戦争（Network Centric Warfare）」概念の具体化や実戦への投入を通じて軍事的価値を高めていったことは、すでに多くの論者が指摘している通りである。

とはいえ、2000年代に入ってドローンの利用が拡大したのは、ドローンそれ自体が備える技術的な革新性だけが理由ではない。この点を理解するには、冷戦後、RMAの進展を背景に1990年代を通じて取り組まれた米軍のハイテク化と、それが社会にもたらした変化を踏まえる必要がある。繰り返される武力行使を通じていわゆる「きれいな戦争」の認識が構築され、その結果としてコソボ介入で「死傷者ゼロ（zero casualty）」の作戦が展開されたことは、議会が兵器の無人化を通じて人命リスクを低下させることの重要性を意識する契機となった*5。このような認識のもと、2001年度の国防予算権限法には2010年までに攻撃用航空機の3分の1、2015年までに地上戦闘車両の3分の1を無人化するという目標が盛り込まれるなど、ドローンの積極的な利用を促す政治的意思が明確に打ち出されるようになったのである*6。

アフガニスタン介入やイラク戦争では、ドローンをはじめとする無人化システムが諜報・監視・偵察任務だけでなく、攻撃や爆発物処理などにも用いられた。2005年の「無人航空システムロードマップ」では、これらを「退屈、不衛生、危険」を意味する3D（Dull, Dirty, Danger）任務として定義し、それをドローンが人に代わって担うことで軍事作戦のリスクを低減するほか、作戦の効率性を高めることが目指されている*7。特に対テロ任務の文脈におけるドローンの比重は、イラクやアフガニスタンからの撤退が進む中でかえって高まっていき、リーマンショック後に国防予算の優先順位の明確化が求められるようになる中、なおも非正規戦における有用性が強調される形でその投資が正当化され続けた*8。それだけでなく、2013年の「無人化システム統合ロードマップ」では、接近阻止・領域拒否（A2／AD）の文脈におけるドローンへの言及が増加し、将来的に非正規戦だけでなく、A2／ADを含む多様な問題への対処を進めるうえでドローンが大きな役割を果たすことが明記されるようになるなど、「通常型」の脅威への対抗手段という文脈でもドローンの戦略的重要性が高められて

いる*9。

　もちろん、ドローンに限らず、軍事力の質的、量的な拡充には、こうしたニーズや政治的意思の形成だけでなく、それを支える予算や産業技術基盤が必要となる。では、2000年代に米国でドローンの利用が拡大した背景はどのようなものだったのだろうか。すでに1990年代の情報化を通じて、ドローンの運用に必要な技術基盤がある程度整備されつつあったことも重要な要因だが、それと同時に、ドローン自体の市場が拡大基調にあると認識されていたことも、その積極的な導入を後押しする要因となっている*10。民生市場を含めた経済効果は、ドローン関連の経済産業基盤を活性化し、調達の効率性を高めるという点で、厳しい財政制約の中で国防政策を立案、実行していく際の重要な要素であった。ドローン市場に対するこのような認識は、産業界だけでなく、政府にも共有されており、国防予算の削減が加速する中でも比較的堅調な市場動向を背景にドローンの取得計画を立てる根拠の一つとなったのである*11。

　こうした状況を冒頭で述べたイノベーションの諸要素に照らし合わせてみると、2000年代には多くの面でドローンの軍事利用を加速度的に促すような要因が生じていたことが明らかになろう。米国議会調査局の報告書ではドローンの利点として、高度な長距離攻撃能力や情報把握を通じて兵士のリスク低減や民間の非戦闘員の被害縮小が可能になること、こうした特徴によって人員の投入リスクが高すぎるケースでも作戦遂行が可能になること、また、機体の取得コストが低いことが挙げられており、これらの点でドローンは有人機に対して相対的優位にあると考えられた*12。また、観察可能性という点では、このようなドローンの運用状況がメディア等を通じて広く知らしめられたことの影響は大きい。その効果が「3D任務」の代替や「死傷者の極小化」といったわかりやすい政治的言説として流布したことも、運用や技術上の困難は別にして、少なくとも政治プロセスにおいてイノベーションの効果の理解を妨げる複雑性を低減するものとなっている。さらに、その背景に民生市場の急速な拡大があったことは、ドローン技術への高いアクセス性と同時に、新規のドローン導入が比較的低いコストで実施可能となることを意味しており、既存の手段に対するコスト面での相対的優位性と同時に、高い試行可能性が存在していることを示唆するものであった。

2．武力行使における任務の拡大と価値の両立可能性

　その一方で、既存の価値との両立可能性という面では、異なるベクトルを持った複数の解釈が可能となろう。確かに、ドローンの運用に際してしばしば主たる動機として掲げられる「3D任務」の代替は、1990年代に前景化した政治的価値―効率化と死傷者の極小化―を実現するための有効な手段として、あるいは従来から存在してきたニーズを実現しようとするものと位置づけられ、それゆえに政治的にも受け入れられやすいものであった。その点だけを見れば、ドローンがもたらした軍事上の利点は、少なくとも既存の価値と両立可能なものであるように見える。しかし同時に、ドローンの軍事利用が進んでいくにつれ、まさにこの価値の両立という面での反作用が生じており、そのことがドローンの利用や開発をめぐる規制のあり方に影響するようになる。

　ドローンを用いた攻撃任務がオバマ（Barack Obama）政権下で劇的に拡大したことによって、対外武力行使におけるドローンの運用が注目を集めるようになった。地上兵力の継続的な展開・強化に否定的な姿勢をとりつつも、グローバルテロリズムへの対処を含む「必要な戦争」の存在を認め、その対処を模索していたオバマ政権にとって、人命リスク低減と効率化というドローンの利点を最大限活かした限定攻撃は、政策目標を達成するための重要な手段となった。一面では、こうした政治的制約が予算削減圧力と重なったことで、コストや政治的リスクの面で従来型の兵器システムに相対的優位性を持つドローンの利用が促進された部分もあろう＊13。しかし、米国政府がこうした手段の合法性を主張する一方、報道等を通じてドローンの多用や誤爆に伴って生じる付随的被害の問題に注目が集まり、既存の国際法や規範との齟齬も指摘されるようになるにつれ、オバマ自身もその両義性に悩まされることとなった＊14。

　2013年、オバマは対テロ作戦における特殊部隊派遣の限界について述べ、ドローンを用いた致死的かつ限定的な攻撃をアルカイダに対して実施するとの方針を改めて示している。その点では、対外的な作戦遂行のためにドローンの積極活用を進めるオバマ政権の方針は大きく揺らいだわけではなかった。しかし同時にここでは、標的設定や非戦闘員への被害、あるいはそうした攻撃に伴う合法性、説明責任、道徳性といった問題について検討

する必要があるとの認識が示され、さらに米国が関係国の主権にも配慮しつつ強い制約の下でドローンを運用していることが主張された。これらの点からは、米国が対テロ戦争におけるドローンの積極利用とそれに係る自己制約の必要性の間で調整を迫られていることがうかがえる*15。

　こうした問題意識に対してオバマ政権が出した答えの一つが、ドローンを用いた武力行使の「透明化」であった。退任を半年後に控えた2016年7月には、国家情報長官室から対テロ作戦で生じた民間人死者数の見積もりが公表された。そこでは、2009年1月から2015年12月までの間に437回の攻撃が行われ、2372～2581名のテロリストを殺害した一方、それに付随して民間人に64～116名の死者を発生させたことが明らかにされた*16。同日、オバマ政権は作戦における民間人死傷者数の極小化を目指した大統領指令を発している*17。ドローン利用に関するこうした透明化の試みは、国内外における武力行使の正当性をいかに維持するかという問題であり、オバマ政権が繰り返してきたドローン攻撃への批判に直接的に応えるという意味合いが強い。ただし、この数字にはアフガニスタン、イラク、シリアで生じた案件が含まれておらず、実施された攻撃の回数も、発生した死者数も実際にはさらに多いことが推測され、透明性の観点からは疑義も残されている。

3．透明化と武装ドローンの規制に向けた動き

　透明化に向けた取り組みが重視されるもう一つの背景として、ドローンの軍事利用が世界的に進んでいくことの問題があることも無視できないだろう。実際のところ、2000年代にドローンの普及を加速させた諸要因は、何も米国の取り組みだけに作用しているわけではない。米国でドローンの利用が拡大し、さらにドローンを含む新しい兵器システムの運用可能性とその効果が可視化されていったことで、各国がその導入を検討するようになったが、それと並行してドローン産業が民生レベルでも国際的に拡大していったことは、各国への普及を加速させることにもつながった。そこには、軍事主導の研究開発が民生分野への技術的スピンオフを経て市場を拡大させ、さらにそれを背景に技術発展とコストダウンが進むことで軍事利用の動機が強められるというサイクルが存在する。ドローン技術の試行可

能性はこうした軍民の技術サイクルを通じて世界的にも大きく高まっており、このことが普及をますます加速させているのである。ドローンの安全保障上の効用を認識した国々は、民生市場の急拡大を背景に比較的容易にその技術利用を目指すことが可能になったほか、非国家主体が市販のドローンを用いて新たなテロリズムや犯罪に応用することができるようになる。

　こうした状況の中で、他主体による「好ましからざる」運用を規制するには、米国自身がドローンの「適切な」運用ルールを示し、実行し、そしてそれを国家間で共有する必要がある。2015年2月に発表されたドローンの輸出政策に関する方針は、特に攻撃能力を持つ武装ドローンの問題に対して一定の対処を試みようとするものであった。これは、米国が起源となっている武装ドローンの売却、移転、利用について厳格な規則を設けようとするものであり、そのために国内の輸出管理規則のほか、MTCRを遵守することが示された。またそこでは、米国のドローンの受領者が国際人道法、国際人権法を遵守して使用することや、自衛権の行使などその合法性を認められる場合にのみ武装ドローンを使用するなど、既存の法的枠組みに沿った運用を厳格化することが掲げられている*18。

　この方針は多国間で武装ドローンの売却、移転、使用に関する国際標準を作ることを視野に入れたものであった。それは2016年10月5日に発表された、新たな国際規制に関する共同宣言につながっている。この宣言は、軍事的ミッションに資するドローンの取得や配備を進める国家が増加し、それによって紛争が過熱するばかりでなく、テロリズムや組織犯罪にも利用される可能性があることを懸念し、こうしたシステムの輸出と利用を責任ある形で実施するための適切かつ透明性の高い手続きをとることを目指すものとなっている*19。そのために守るべき原則として、①武力紛争関連法や国際人権法を含む諸法の適用性、②関連する現行の国際軍備管理・軍縮規範に即した責任ある武装ドローンの輸出、③既存の国際的な多国間輸出管理・不拡散レジームに沿った武装ドローンの輸出、④輸出手続きにおける適切かつ自発的な透明性の確保、⑤すべての国が責任ある形でドローンの移転と利用にかかわるための議論を継続することの5つが掲げられた。

　むろん、この枠組みが実効性を持つ形で具体化されるかどうかは今のところ不透明である。この宣言自体、「正当な目的を達するためにこうした

システムを独自に生産、輸出、取得するいかなる国の正当な利益も損なうものではない」ことが前提となっており、「正当な目的や利益」が多様に解釈される現状においてはそれがどのような意味を持つのかも明らかではない。逆に言えば、現段階ではあくまでも既存のルールからの過度の逸脱を戒めようという側面が強く、「正当な」武力行使における「適切な」ドローンの利用それ自体を否定する方向に向かっているわけではなさそうである。また、この宣言には比較的多くの主要先進国が賛同する一方、ロシアやフランス、イスラエル、あるいはインドや中国といったドローン利用や輸出に高いインセンティブを持つ国々が入っていないことへの懸念もある。それだけでなく、こうした国々の多くが現状の部分的規制を担保する枠組みであるMTCRに加入していないため、すでに米国でドローン輸出の競争性低下や拡散阻止の実効性が危ぶまれていることも、規制に向けた政治的意思を損ないうる問題であろう。

　しかしそれにもかかわらず、こうした形でドローンの輸出・運用の方針が一定の国々のまとまりによって発されたことは、ドローンをめぐる問題意識がこれまでにない形で収斂していることを示唆している。また、こうした多国間での意思表示が特定の形態のドローン輸出・利用を非正当化する枠組みとしても機能する可能性はあり、ドローンの利用規制や軍備管理に向けた重要な方針を示すものと言えるのかもしれない。

おわりに　さらに進展するイノベーションとその課題

　本章では、ドローンが米国の武力行使に与える影響とそれによってもたらされる反作用について、イノベーションの諸側面から考察した。有人機に対する相対的優位性やその導入を支える産業基盤の発展といった要素は、ドローンの軍事利用が今後も加速していくことを示唆しつつも、そのような状況自体がかえってドローン利用のあり方を制約していく側面がある。しかし言うまでもなく、ドローンは依然として完成されたイノベーションではなく、現状では、その利用のあり方とそれを規制する枠組みの問題が共変的に新たな国際安全保障環境を形作っているさなかにあると理解するのが適切であろう。最後に、このような観点から二点、今後の課題を指摘しておきたい。

一つには、今後もさまざまな技術領域の発展と接合によって、新たに「できること」が増えていくことが予想されるという点である。2014年に発表された米国のサードオフセット戦略では、ロボティクスはもとより、サイバーや人工知能、センシング、ビッグデータの利用といった技術分野に依拠した米軍の優位性の強化が掲げられているが、2016年にはこうした技術的成果を体現するものとして、スウォーム（群制御）技術を用いて自律型の超小型ドローン（Perdix）103機を同時制御する実験が行われるなど、その実装に向けた取り組みは着実に積み上げられているようである*20。このことは、ドローンと他の技術分野の問題を必ずしも明確に切り分けることのできない状況が生じていることを示しており、イノベーションの進展という点から見ればこうした「技術のパッケージ化」がもたらす問題も今後の重要な考察対象である。

　また、技術の発展に伴って、「できること」と「すべきこと（すべきでないこと）」の間の線引きをめぐる政治社会との間の葛藤が高まっていくことも容易に想像されよう。すでに無人化技術の文脈では、致死性自律型兵器（Lethal Autonomous Weapon Systems: LAWS）に対して国際的な規制の声が上がりはじめ、「兵器の自律化はどこまで許されるのか」が重要な論点となっている。こうした兵器はまだ実用化されておらず、実現に向けた政治的意思や技術的可能性すら十分明らかになっているわけではない。それにもかかわらず、技術発展の方向性を先取りして規制を試みる動きが生じていることは、イノベーション管理をめぐる政治問題を理解するうえで、引き続き注視していくべき現象であろう。

　もう一つ、本章でも指摘したように、ドローンの普及を加速させたイノベーションの要素は米国だけに作用するわけではなく、それゆえに今後の技術管理をめぐって国際的な論争が高まっていく可能性が指摘できよう。米国が主導する形で進んだドローンの発展や武力行使における利用拡大が、今後多くの国によって後追いされていくことになれば、それはドローンやその関連技術分野をめぐる新たな軍拡競争にもつながっていくことになる。そこでは、無秩序な軍拡競争をいかにコントロールするかという問題意識が高まる一方、技術的に先行する米国と後発の国々との間で、いかに「公平」な、そして各国が受け入れうる規制枠組みを構築しうるのか、その実現のために米国がどういった形で自己規制を受け入れうるのかということ

が、実効性のある技術管理について考える際の重要な政治課題となってくる。

だが、ドローン利用の規制や透明化に向けた意識は、オバマ政権の武力行使に対する抑制的な姿勢や、そこでドローンを利用することによって生じる疑義に対して国内外での説明責任を果たそうとする態度によって培われてきた面もある。だとすれば、政権交代によって武力行使や国際規範への向き合い方が変わることで、その利用や規制に向けた風向きに変化が生じる可能性も考えられる。いずれにせよ、ドローン関連技術の利用と規制のあり方がいかなる経緯をたどって共変するのか、そしてそれらのバランスが今後の国際安全保障環境をいかなる形で構築していくのか、引き続き注視していかなければならない問題となろう。

註
1 米国の安全保障政策におけるドローン導入の取り組みについては、齊藤孝祐「米国の安全保障政策における無人化兵器への取り組み―イノベーションの実行に伴う政策調整の諸問題―」『国際安全保障』第42巻、第2号、2014年、34〜49頁を参照。なお、文脈や時代によってドローンや無人航空機（Unmanned Aerial Vehicle: UAV）、無人航空システム（Unmanned Aerial System: UAS）、遠隔操縦機（Remote Piloted Vehicle: RPV）など、さまざまな呼び方がなされるほか、実際に指し示す対象の範囲も異なる場合があるが、本章ではこれらを便宜的にドローンという言葉でまとめている。
2 エベレット・ロジャーズ『イノベーションの普及』三藤利雄訳、翔泳社、2007年。
3 ロジャーズの議論は、さらにイノベーションの「プロセス」にまで分析の射程を広げていくことに特徴があるが、本章ではその点には言及していない。
4 Robert R. Tomes, *US Defense Strategy from Vietnam to Operation Iraqi Freedom : Military Innovation and the New American Way of War, 1973-2003*, 2007, p.174.
5 Senate Committee on Armed Services, *National Defense Authorization Act for Fiscal Year (FY) 2001, Committee Report*, 106th Congress, 2nd Session, 106-292, May 12, 2000, p.4.
6 Public Law 106-398, *National Defense Authorization Act for FY 2001*, 106th Congress, October 30, 2000, Sec. 220.
7 U.S. Department of Defense (DoD), *Unmanned Aircraft Systems Roadmap 2005-2030*, 2005, pp.1-2, http://www.dtic.mil/dtic/tr/fulltext/u2/a445081.pdf. （以下、本章で示すURLの最終アクセス日はすべて2017年5月14日）

8 DoD, *Defense Budget Priorities and Choices*, January 2012, pp.9, 11, http://www.dtic.mil/get-tr-doc/pdf?AD=ADA555036.
9 DoD, *Unmanned Systems Integrated Roadmap FY 2013-2038*, 2013, p.14, http://www.dtic.mil/dtic/tr/fulltext/u2/a592015.pdf.
10 Teal Group Corporation, "Teal Group Predicts Worldwide UAV Market Will Total Over $89 Billion In Its 2013 UAV Market Profile and Forecast," June 17, 2013, http://www.tealgroup.com/index.php/about-teal-group-corporation/press-releases/94-2013-uav-press-release.
11 Office of Under Secretary of Defense for Acquisition, Technology, and Logistics, *Annual Industrial Capabilities Report to Congress*, October 2013, p.14.
12 Jeremiah Gertler, *U.S. Unmanned Aerial Systems*, Congressional Research Service (CRS) Report for Congress, January 3, 2012, pp.3-4. ただし、コスト面での優位性には疑義が存在することも指摘されている。
13 一定の制約条件のもとでは、かえってイノベーションへの投資やその成果を利用する動機が高まる場合がある。齊藤孝祐『軍備の政治学─制約のダイナミクスと米国の政策選択─』(白桃書房、2017年)。
14 福田毅「アメリカ流の戦争方法─『2つの戦争』後の新たな戦争方法の模索─」川上高司編著『「新しい戦争」とは何か─方法と戦略─』(ミネルヴァ書房、2016年)、112～137頁。
15 Barack Obama, "Remarks by the President at the National Defense University," May 23, 2013, https://obamawhitehouse.archives.gov/the-press-office/2013/05/23/remarks-president-national-defense-university.
16 Office of the Director of National Intelligence, "Summary of Information Regarding U.S. Counterterrorism Strikes Outside Areas of Active Hostilities," July 1, 2016, https://www.dni.gov/files/documents/Newsroom/Press%20Releases/DNI+Release+on+CT+Strikes+Outside+Areas+of+Active+Hostilities.PDF.
17 White House (The Office of the Press Secretary), "United States Policy on Pre-and Post-Strike Measures to Address Civilian Casualties in U.S. Operations Involving the Use of Force," Executive Order, July 1, 2016, https://obamawhitehouse.archives.gov/the-press-office/2016/07/01/executive-order-united-states-policy-pre-and-post-strike-measures.
18 U.S. Department of State (DoS), "U.S. Export Policy for Military Unmanned Aerial Systems," Fact Sheet, February 17, 2015, https://2009-2017.state.gov/r/pa/prs/ps/2015/02/237541.htm.
19 DoS, "Joint Declaration for the Export and Subsequent Use of Armed or Strike

-Enabled Unmanned Aerial Vehicles (UAVs)," Media Note, October 28, 2016, https://2009-2017.state.gov/r/pa/prs/ps/2016/10/262811.htm.
20 DoD, "Department of Defense Announces Successful Micro-Drone Demonstration," January 9, 2017, https://www.defense.gov/News/News-Releases/News-Release-View/Article/1044811/department-of-defense-announces-successful-micro-drone-demonstration/.

3Dプリンタが変える戦争

部谷 直亮

はじめに

「補給戦」で知られるマーチン・ファン・クレフェルト（Martin van Creveld）は、その著書において、イラク戦争や湾岸戦争の兵站を過去と比較した上で、「兵站というものに真の革命的な変化が訪れるとすれば、スタートレックのようにレーザー銃なり転送装置が開発される時だ」と結語した*1。

今や米国、中国、英国、ロシア、オランダ、台湾、韓国、ポーランド等が積極的に軍事転用を行い、民生利用では米中がしのぎを削っている3Dプリンタは、戦争に兵站革命をもたらすと評価されている。

しかも、この3Dプリンタは、従来の輸送コストを抜本的に軽減できる可能性を持っており、ある意味ではスタートレックの転送装置に似ており、そうした「誇張した、わかりやすい」表現もマスメディアや専門家の一部からしばしばされる。クレフェルトの皮肉が現実になろうとしているのである。

実際、米国防総のQDR2014でも「低コストの3Dプリンタの入手可能性は、戦争に関連する製造業と兵站にまさしく革命をもたらす可能性がある」と評価され、その多種多様な軍事転用にそれが表れている。

また、ロバート・ネラー（Robert Neller）海兵隊司令官は、「3Dプリンタの軍事転用はまさしく兵站に関するすべての常識を崩壊させるが、私はどちらもクールなことだと思っている」と発言しており、米四軍の中でもっとも消極的とされる海兵隊すら革命が起きていると断言しているのである*2。

また、3Dプリンタが製造業の雇用に与える影響についても、人工知能とそれと同様に社会的な変化に結び付くのではないかとの指摘や、そうした兆候を指摘する統計も存在する。

本章では、これらの軍事における兵站と民需における雇用を含めた産業という二つの側面で、3Dプリンタがどのような方向性をもって運用され

ているのかを分析し、それがどのような変化をもたらしうるのかについて論じるものである。具体的には、3Dプリンタは、手段と争点において戦争を変えていくと示唆するものである。

1．3Dプリンタと兵站とは何か

　3Dプリンタは兵站に革命をもたらすという議論に入る前に、3Dプリンタと兵站について簡単に整理しておきたい。3Dプリンタとは、デジタルデータから立体物を様々な素材（プラスチック、食品、ガラス、アルミやセラミックやチタン合金を含む金属まで）を積層していくことにより成形できる工作機械である。
　この3Dプリンタの特徴は、第一に時間的にも資金的にも低コストだということだ。3Dプリンタは、製造に際してもっとも高額な金型や製造ラインの維持が不要であるからである。同時に、3Dプリンタはすぐに試作・生産できることを意味している。また、複雑な形であっても思いのままに作成できることから、これまで複数のパーツを必要とした部品を一体成型で作れる。これは部品数の減少によるコストの低下に繋がる。
　第二の特徴は、サプライチェーンをサプライポイント化できるということである。つまり、原材料調達・生産管理・物流・販売といった一連のプロセスをサプライチェーンと呼称するが、3Dプリンタの場合、多様な部品をその場で作成できるので、このプロセスを大幅に圧縮できるのである。その意味で、輸送コストを圧縮できるのである。同時に、これは在庫リスクを低減できることを意味している。
　第三の特徴は、リバースエンジニアリングを容易にするということだ。3Dデータがあれば、いかなる場所であっても、どのような形状のものでも基本的には作成できることから、3Dスキャンを行えば、基本的にはその物体と同じ形状を再現できるということである。
　そして、第四の特徴は、技術革新と各国の製造業における導入が著しく、今後も技術拡大が見込めるということである。
　他方で3Dプリンタには、量産効果が発生しないため大量生産の際には在来工法にコスト面で劣ること、技術拡大の余地があるということは技術的な課題もまた多くあることを意味していること、家庭用3Dプリンタの

業績が伸び悩んでいることが課題としてあるだろう。

　次に、兵站とは何か。これについて「兵站におけるクラウゼビッツ」と称揚されるヘンリー・エクルズ（Henry E. Eccles）は、「国民経済と戦闘する軍隊をつなぐもの」としている*3。また、クレフェルトは「軍隊を動かし、かつ軍隊に補給する実際の方法」としている*4。いずれにしても、戦争という消費行動において、その主体たる軍事組織を存続させ、機動もしくは打撃する状態を維持するために、後方から物資を不足なく運搬する活動全般というべきだろう。

２．３Ｄプリンタの軍事転用の状況

　それでは、３Ｄプリンタが、各国の兵站において、どのような使用や研究をされているのか。それは、第一には部品の試作である。これは、多くの国で活用されている。米国の研究開発では日常的に使用されており、枚挙にいとまがない。

　米軍以外では、例えばロシア軍は、2015年以降、次期主力戦車Ｔ-14アルマータの金型などの原型や、金属・プラスチック部品を制作するために３Ｄプリンタを使用している。近い将来、数メートルのチタン合金の装甲パーツも３Ｄプリンタで試作するとしている。

　また、中国軍も、装甲兵工程学院が砲身等の高精度部品を除いて金属部品の製造試作に活用している他、新型戦闘機の設計や試験の過程に幅広く応用しているという。

　こうした部品試作に幅広く使用される理由は、３Ｄプリンタの特徴にある。これまでの試作のプロセスでは、時間的にも金額的にも高価な金型が必要になり、頻繁に試作を繰り返すことができなかったが、３Ｄプリンタであれば金型が不要であるため、試作が即座かつ低コストで可能となるからである。そして、これはトライ＆エラーを容易にすることを意味し、研究開発全体の速度を加速させることが可能なのである。

　第二は、旧式化した装備品の部品の補給である。防衛装備品は製造されてから何十年も使用しているが、当然、その間に企業の製造ラインが縮小・廃止されてしまい、維持整備に多額の資金と長時間かかるようになるか、他の機体から部品を用意する「共喰い整備」を余儀なくされることが多い。

最悪の場合は、その兵器システム自体を用途廃止しなくてはならなくなる。
　こうした装備品の製造能力の喪失と部品の枯渇により、兵器システム全体を放棄しなければならなくなる状況を「製造原料の減少・材料不足問題（DMSMS：Diminishing manufacturing sources and material shortages）」という。このDMSMS問題を解決できるものとして各国で期待されているのが、3Dプリンタなのである。
　実際、米空軍ではB-52戦略爆撃機、C-5輸送機等の既に生産が終了した旧式航空機の補修部品製造に3Dプリンタを既に活用している。また、米海兵隊ではF/A-18D戦闘攻撃機やMH-60Rヘリから無線機の小さなキャップまでを3Dプリンタで交換部品を生産している。
　台湾では、2015年10月、「国家中山科学研究院（CSIST）」が初めて国産開発した、軍需用部品の製造が可能な金属製3Dプリントシステムを公開している。その際、ミサイル・ロケットシステム研究部副所長の任國光氏は「海豹級潜水艦、海獅級潜水艦、海龍級潜水艦はいまやDMSMS問題に直面しているが、元の部品とその材料を分析することで、同じ材料で出来た精密なレプリカ部品を作ることが可能になった。また、わがCSISTが開発したGlory型ミサイル、天剣型中距離対空ミサイル、天弓型長距離地対空ミサイルは、より軽量かつ小型の部品に換装できるので、より多くの弾薬と射程を得ることが出来る」と発言しており、3Dプリンタによる単純な代替だけでなく、性能向上を期待していることがわかる。
　また、注目すべきはオランダ海軍である。彼らは全艦隊の3Dスキャンを実施しており、古い艦艇の既に製造されていない交換部品等を3Dプリンタ、3-5軸ミリング、3D溶接等の工作機械を活用して交換していくという。こうした取り組みは韓国やポーランド軍でも同様であり、旧式化した航空機部品の製造に3Dプリンタが活用されている。
　第三は、最新の装備品の部品製造である。3Dプリンタは、いかに低コスト生産が可能といっても、生産数の増大による低コスト化が起きないため、一定数を超えた生産では従来の生産方式より高コストである。しかし、防衛装備品の場合、実は生産数は少ないのである。例えば、F-22戦闘機の総生産数は197機、自衛隊の機動戦闘車の年間調達数は30両強でしかなく、実は個々の部品毎に見れば、必ずしも多くないのである。
　実際、米軍のF-35戦闘機は45個の部品（技術的には2013年時点で900個が可

能と評価）が3Dプリンタで製造されている。現行のF-18戦闘攻撃機は、コックピットや冷却ダクトを中心に90もの部品が既に組み込まれており、将来的にはジェットエンジンにも拡大していくという。

また、米海兵隊も、この点は非常に熱心であり、2017年8月に、3Dプリンタで作成したエンジンナセルのチタンリンク、消火システムのステンレス製のレバーなどを組み込んだMV-22オスプレイを飛行させた。その他の航空機では2018年にかけて、AH-1攻撃ヘリ、UH-1輸送ヘリ、CH-53K輸送ヘリに、3Dプリンタで作成したチタン製もしくはステンレス製の重要部品を組み込んで飛行試験を行うとしており、その後は、CH-53E輸送ヘリとAV8Bハリアー戦闘機も続く計画だという。

中国軍も同様の取り組みを行っている。空母艦載機のJ-15戦闘機は、訓練飛行で損耗し交換が必要な小部品に3Dプリンタが使用されている。また、J-16戦闘爆撃機、J-20ステルス戦闘機、J-31ステルス戦闘機にも3Dプリンタが活用されており、特にJ-15とJ-31はチタン合金製の「着陸装置」が3Dプリンタで生産されている。着陸装置とは、最も荷重がかかり、大事な機構であることから、中国軍が3Dプリンタをどれだけ評価しているかが分かる。

第四は、戦場における修理・生産である。これは2012年以降、米陸軍はアフガニスタンの前線基地に3Dプリンタラボを設置し、そこで小銃用や個人装備などの修理・作成に3Dプリンタを活用している。こうした点は実証実験ではさらに先へと進んでいる。

米陸軍の「陸軍訓練教義軍団（TRADOC）」は、2017年の「陸軍遠征戦士演習（AEWE）」という一連の技術デモンストレーションにて、「3Dプリンターによる戦場での小型無人機作成」プロジェクトを実施した。このプロジェクトは、前線の兵士の要請から、前線基地にて、3Dプリンタを印刷した部品と民生部品を組み合わせ、戦況に応じて、24時間以内に小型偵察無人機を前線に飛ばすまでを実現するというものである。同年9月には、海兵隊も加わって実際に作成した無人機を飛行させる実験を成功させている。そして、米陸軍は、このプロジェクトは、戦場においてあらゆる装備を生産する第一歩だと位置づけている。

米海軍もまた積極的な取り組みを実施している。既に強襲揚陸艦エセックス及びキアサージや空母ハリー・トルーマン等を始めとする艦船に3D

プリンタが積載され、艦内で使用される各種パーツの製造を行っている。だが、これは前哨でしかない。

ジョン・バロウ（John Burrow）海軍次官補代理（研究・開発・試作・評価担当）は、2016年4月に、いみじくも次のよう指摘している。「3Dプリンタは、我々の思考、業務、コストの基準、意思決定を根本的に変えるだろう。3Dプリンタの作戦および技術的な可能性は、今まさに爆発的に拡大しようとしている。将来的には、3Dプリンタは海軍および海兵隊の前線、全艦艇および拠点に配備され、オンデマンドで必要な部品や装備品を生産・提供できるようにする」と*5。

しかも、ここで指摘しておきたいのは、これらは長期的な話ではなく近い将来の話だという点だ。実際、F-22ステルス戦闘機のエンジンを製造しているプラット＆ホイットニー社副社長のアラン・エプスタイン（Alan Epstein）は、「2034年には、全ての艦船および基地に3Dプリンタが配備され、全ての部品を必要に応じて生産し、長大な補給路はほとんど不要になるだろう」「軍の兵站部門が本当に欲しがっているのは、ボタンを押すだけでいろいろな部品が出てくるホームベーカリーのような3Dプリンタだが、その実現までには何十年もかからないだろう」と語っている*6。しかも、これは米国では「慎重な見解」の部類とされているのである。

このように、米軍では、陸海空海兵隊の全軍を挙げて、戦場での生産に向けて積極的に取り組んでいるのである。

他方で、中国軍もこの点では熱心である。駆逐艦ハルビンは2013年にアデン湾で海賊対処中に、主機関の軸受が破損し立ち往生したが、艦艇に搭載した3Dプリンタで新たに製造し、見事に戦線に復帰した。また、別の海軍艦艇も破損したトランスミッションギアを艦内の3Dプリンタで新品を製造し、取り換えたという。

これらの件について、中国海軍の複数の軍人がメディアに「我々は3Dプリンタ技術の使用により、利益を得ている。3Dプリンタは部品を素早く修理・生産できるミニ工場みたいなものだ」「中国海軍にとっての3Dプリンタは試験段階にあるが、明らかに明るい見通しがある」などとコメントしており、彼らが戦闘力を維持する（仮に損傷・故障しても母港に戻らず戦闘を継続する）ための道具として重視していることが伝わってくる。

また、こうした取り組みは中国陸軍でも同様である。例えば、成都方面

軍は、2015年夏にメディアを招いて、戦場での3Dプリンタ活用演習を実施した。

その際、陸軍のあるガソリントラックが故障により立ち往生したという状況が設定された。故障したのはポンプシステムの構成部品で、これらは非消耗部品とみなされていたために備蓄がなかった。そこで、駆け付けた3Dプリンタ部隊が現地で部品を即座に製造して、戦線に復帰させたという。

中国軍の統合兵站部門の指揮官は、「山岳地系のような、限られた量しか補給部品を持参できない地域では、1つの素材から様々な部品を作れる3Dプリンタは効果的である」とメディアに答えている。また、軍の広報担当者は、「1台の小型3Dプリンタは、5人の修理工に匹敵する」とも語っており、彼らもまた戦場での修理の実現を目指していることがよくわかる。

3．3Dプリンタの軍事転用の意義と可能性

以上が、3Dプリンタの軍事転用の現状だが、ここから議論できる意義と可能性は次の点である。

まず、3Dプリンタは、軍需産業のすべてを抜本的に変えていく公算が高い。少なくとも、従来型の防衛産業を消滅させかねない。事実、この点に関し、国防総省の技術プロジェクト「NextTec」責任者であり、近年の技術革新と戦争の在り方を専門とする、ピーター・シンガー（Peter Singer）は以下のように指摘している[7]。

「現代の防衛産業は兵器システムの設計販売から利益を得る大企業が独占的に支配しており、何十年にもわたる維持整備で利益を得ており、全米各地の雇用を握っている為に強力な存在である。

だが、家のガレージであっても軍需物資を政策できるようになれば、市場開放が起きるだろう。断定するのは時期尚早だが、民生品と軍用品を同じ製造ラインで生産していた過去への復帰が起きる可能性は大きい。そして、それは、防衛産業への新規参入とそれ自体のアイデンティティの転換を意味する」

シンガーの指摘の基本的な方向性は正しい。何故ならば、各国の防衛装

備品の維持・整備（特にDSMS問題の解決を目的として）で多くの3Dプリンタが活用され、プラスチック製品だけでなく、エンジン回りなどの重要な部品へと拡大しつつあり、装備品の戦場での生産すら急速に実証研究が進められているからである。

確かに、米海兵隊の3Dプリンタ使用では、部品等を印刷するごとにライセンス料を企業に納入する方式を採用しているように、防衛産業の維持・整備が0になることはないだろう。

だが、海軍航空システム司令部副司令官のフランシス・モーリー（Francis Morley）少将が「航空機の重要部品を3Dプリンタが生産できるならば、維持整備のための経費と整備速度と輸送時間を大幅に短縮できる」と指摘したように、少なくともこれまで防衛産業が、その主な利益の源泉として長期的に得ていた、維持・整備の巨額の利益を取得できなくなる蓋然性は高い*8。

次に、兵站における限界を大きく緩和する可能性が高いことが指摘できる。エクルズは「兵站における雪玉」概念を提唱したが、これは戦争に際して、まるで雪山を転がる雪玉のように、最初は小さかったはずの兵站所要が莫大になっていく現象を説明したもので、その背景に彼は①産業革命が与えた軍事への影響、②兵士たちの近代的なライフスタイル、③雪玉減少に無理解な多くの指揮官と参謀を挙げている*9。

しかし、3Dプリンタは既に述べたように、一つの素材から多様な部品を作れ、サプライチェーンを圧縮することや在庫リスクを減らすことで、こうした雪玉現象を緩和できる*10。何よりも、3Dプリンタがポスト工業化社会を代表する、大量生産大量消費とは相反する存在であることは、エクルズが指摘するように雪玉現象の原因が工業化社会の賜物であることからも明らかだ。これは国防総省及び米軍やシンガー等の専門家が3Dプリンタを「兵站革命」と評することの正しさを裏付けている。

また、

最後に、3Dプリンタは、リードタイムを圧縮できることである。リードタイムとは、あるものを戦闘部隊のために供すると決定してから、敵に対して用いるべく十分な量及び整備状態で、実際に部隊に引き渡されるまでの時間である。エクルズは、リードタイムは兵站計画全般において、最重要項目としており、数時間で済むものから5年以上かかるものまである

とするが、既に見てきたように、3Dプリンタは試作から生産まで全てのリードタイムの圧縮を可能としており、また米軍を中心とする各国軍も、その目的で転用を進めていることがわかる。

同時に、これは最終的には、現在の同種の防衛装備品が一定数配備された軍事組織から、多種多様なカスタマイズされた装備品を抱え、戦況に応じて変化させる軍事組織へと変貌させることを意味している。

何故ならば、工業化社会以降の防衛装備品は基本的に画一的な大量生産品であったが、3Dプリンタによって、試作及び少量生産の時間的・資金的・輸送的コスト等のリードタイムが圧縮されれば、新しい装備品を現地から次々と戦況に合わせて逐次実戦投入することが可能となるし、その維持・整備も容易だからである。その意味で、軍隊の姿すら変えていく可能性が高い。

4．3Dプリンタの産業界における使用状況とその評価

他方、民生における3Dプリンタの活用もまた、国際的には非常に盛んとなっている。2014年10月、米コンサルティング会社のプライスウォーターハウスクーパースが発行した報告書では、米国の製造業の3分の2が3Dプリンタを何らかの形で使用しているという。

ただし、過大評価してはいけないのは、製造業の市場規模（10.5兆ドル）から見ればいまだ3Dプリンタ市場（50億ドル）は、その0.047％を占めるのみであるということだ。その意味で、現状での市場としては、まだまだ小さいとみるべきだろう。

しかし、2020年までに200億ドル以上の市場規模になるという見立てが多数派であることは理解しておくべきだろう。つまり、急速に規模を拡大しつつあるということだ。例えば、GEは2010年以降、3Dプリンタを積極的に導入している。2015年2月、インドにて2億ドル規模の3Dプリント工場を設立し、ジェットエンジンやガスタービンに使用されるさまざまなパーツを生産している。

2016年1月には、3Dプリント燃料ノズルを組み込んだジェットエンジン搭載のボーイング機が初フライトを果たしており、この部品は従来よりも25％の軽量化と5倍近い耐久性を実現しているという。

エアバスも1000以上の航空機用部品の生産を行っている他、2016 年 7月、BMWグループがロールス・ロイス 「ファントム」に組み込まれている1万点以上の部品の量産に、3Dプリンタを使用していると発表している。

　中国もまた、金属3Dプリンタの積極的な導入を行っており、一例を挙げればCOMAC C919ジェット旅客機の前部フロントガラスフレーム等の製造に3Dプリンタが既に使用されている。

　注目すべきは、こうした製造業だけでなく、建築分野でも3Dプリンタの活用が各国で始まっていることだ。2016年5月、ドバイに世界初の3Dプリンタ製オフィスが建設された。このオフィスは構造物全体のみならず、装飾や内装も3Dプリンタ製であり、普通の建築物とそん色がない。注目すべきは、ドバイ政府閣僚によれば、人件費を80％圧縮し、在来工法に比べ半額で済んだということであり、ドバイは2030年までに全てのビルの25％を3Dプリンタで建設するというのである。

　その他にも医療・生物・衣料・食品等々とカンブリア紀の生命増殖のように、ありとあらゆる分野で3Dプリンタの導入・検証が行われているが、これは何を意味するのだろうか。戦争に関する点で評価するならば、省力化が一番大きいだろう。つまり、雇用が減少するということである。

　この点に関し、シリコンバレーの有力な実業家であるマーティン・フォード（Martin Ford）氏も技術革新によって、統計データ上、有為な雇用の減少が起きていると指摘する。例えば、80年代、90年代は20％だった雇用創出が、2000年代には8％にまで低下し、人口増大に見合う雇用を900万件分不足していると指摘し、技術革新が雇用を奪っていると指摘する。そしてフォード氏は、これらの背景に、情報テクノロジーが存在するとし、3Dプリンタによって、ますますこうした傾向が、特に建設業で顕著になるだろうという[*11]。

　また、オランダの大手金融機関INGによる、2017年9月の調査報告は、2060年には3Dプリンタによる各国における自己完結性が高まり、25〜40％の貿易が消失し、世界の雇用に深刻な結果を与えるとの可能性を指摘している。

　国際情報企業IHSテクノロジーのアナリスト、アレックス・チャウソフスキー（Alex Chausovsky）は、「3Dプリント技術がどんなところに大きな

脅威を与えているのかを知りたければ、中国がどれだけ低コストの商品化分野に頼っているかを考えればよい」と指摘ししている*12。

実際、米国では3Dプリンタによる輸送コストと人件費の削減は、製造工場の国内回帰をもたらすとの指摘が多くあり、オバマ大統領も2013年の一般教書演説で、3Dプリンタによって、米国に製造業の雇用を取り戻すと指摘し、予算をつけている。

3Dプリンタは、先進国が新興国や発展途上国から雇用を取り戻し、他方で、各国内の雇用を減少させかねないのである。これは新しい戦争の争点となりかねないことに留意しておくべきだろう。

第二に注目すべきは、経済制裁が無意味化しかねないということである。この点に関し、シンガーは「米国は戦闘機の部品から石油関連の機器まで何でも制裁の対象とするが、10年以上にわたって外交政策の要であってきたその『制裁』が、3Dプリント技術によって時代遅れになりうる」と指摘している。確かにこの指摘は、3Dプリンタが汎用品であるが故に輸出規制が難しく、製造ラインが不要であり、輸送コストがかからずに製造できることを考えれば正しいだろう*13。何より、既に指摘したように、民生品でもこれだけの種類を製造でき、国際的に普及していることを考えれば、経済制裁が外交手段として、有名無実化しかねない蓋然性は高いだろう。

このように、3Dプリンタの民生利用の拡大は、国内外の雇用の奪い合いを生み、経済制裁という外交手段すら変えかねないのである。

おわりに

以上のことから3Dプリンタは、軍事面において、まさに革命的ともいえる兵站需要を軽減し、軍事組織の行動を軽くするのみならず、防衛産業や市場の姿、そして、軍隊の構造すら抜本的に変えていくことがわかる。つまり、将来の防衛産業とは、様々な大小の民生企業－シンガーの表現にあやかるならば「ウォルマートや家内制手工業」も立派な主力たる防衛産業として参画する－ものであり、軍隊とはあたかも中世の軍隊のような多種多様なカスタマイズされた装備を持つものになる可能性が示されているのである。

同時に、政治外交面では、国内外の雇用の奪い合いを生み、秩序を不安定化させかねず、同時に経済制裁という「平和的」な外交手段を無意味化してしまうだろう。

　これらは何を生み出すのだろうか。それは「新しい中世」へと戦争と秩序をいざなう一つの要素と言えるだろう。かつて、国際政治学者のヘドリー・ブル（Hedley Bull）は、将来の国際社会のありうる一つの可能性として「新しい中世」を提起した*14。

　いみじくも、経済制裁という工業化社会で発達した手段が意味を低下させ、軍需と民需で家内制手工業が復活し、カスタマイズされた装備を持ち、しかも兵站所要を軽量化させた軍事組織が戦闘する社会は、ある意味で中世の再来である。その意味で、3Dプリンタは、現在指摘されている「兵站革命」にとどまらず、「新しい中世」に戦争と秩序を導くのかもしれない。

註

1 Martin Van Crefeld, *Supplying War: Logistics from Wallenstein to Patton, 2nd Edition* (Cambridge: Cambridge University Press, 2004), p258.
2 Sydney J. Freedberg Jr., "Mini-Drones & Bayonets: New Marine Warfare Concept," *Breaking Defense*, September 28, 2016.
3 Henry E. Eccles, *Logistics in the National Defense* (Washington, DC: United States Marine Corps, 1959), p.vi.
4 Crefeld, *Supplying War*, p12.
5 John Joyce, "Navy Officials: 3-D Printing To Impact Future Fleet with 'On Demand' Manufacturing Capability," *United States Navy*, May 19, 2016.
6 Sydney J. Freedberg Jr., "Navy Warship Is Taking 3D Printer To Sea; Don't Expect A Revolution," *Breaking Defense*, April 22, 2014.
7 Peter Singer, "The 3D Printed War," *Mother Board*, May 21, 2015.
8 Hope Hodge Seck, "First 3-D Printed MV-22 Osprey Parts to Fly in Coming Months," *DoD Buzz*, May 18, 2016.
9 Eccles, *Logistics in the National Defense*, pp.102-104.
10 実際、海兵隊副司令官（兵站担当）のマイケル・ダナ（Michael Dana）中将は、3Dプリンタによってサプライチェーンがフラットとなり、兵站を軽減できると指摘している。
　Hope Hodge Seck, "Marines Send 3D Printers to Combat Zone to Fix Gear

Faster," *DefenseTech*, July 5, 2017.
11 マーティン・フォード『ロボットの脅威：人の仕事がなくなる日』松本剛史訳（日本経済新聞出版社、2015年）、61〜89、221〜226頁。
12 「3Dプリント革命で激変する戦争と外交政策」『AFPBB NEWS』2015年1月7日。
13 事実、3Dプリンタの輸出規制は、国際レジームにおいてもほとんどなされていない。
14 ヘドリー・ブル『国際社会論―アナーキカル・ソサイエティ』臼杵英一訳（岩波書店、2000年）。

AIとロボティックスが変える戦争

佐藤 丙午

はじめに　AI（人工知能）とロボティックスの軍事的可能性

　2017年8月21日に、豪州サウスウェールズ大学のトビー・ウォルシュ（Toby Walsh）教授が中心となり、テスラのCEOのイーロン・マスク（Elon Musk）氏などの署名と共に、人工知能を活用したロボット技術の軍事利用について懸念を表明する公開書簡を国連に送っている。ウォルシュ教授は、2015年にホーキンズ博士らとAIの軍事利用の禁止を呼びかける署名活動も行っており、AI研究者及び関係者には技術の軍事利用に対する懸念があることが明らかになった。

　国際社会もこれらAI関係者の懸念を共有している。国連の人権理事会の下に編成されたヘインズ委員会は、ロボット技術の軍事利用が非人道的な結果につながることに警鐘を鳴らし、これを受けて特定通常兵器使用禁止制限条約（CCW）において自律型致死性兵器システム（LAWS）の規制に関する国際交渉が開始されている（2017年8月）*1。AIとロボット技術は、LAWSの重要な構成要素とみなされている。特に、急速に高まるAIへの関心と、その軍事転用の際の懸念は、計算処理能力の劇的な向上、インターネットなどを通じたビッグデータへのアクセス、機械学習能力、民間部門でのAI研究への投資の拡大などの要因によって加速した。これら技術の研究は、特定の国が排他的に実施するものでは無く、どの国もアクセス可能で、オープンな状態の下で進展する点にも留意する必要がある。

　このように、国際社会ではAIとロボット兵器が及ぼす軍事上の変化に対する関心が高まっており、同時にその規制を求める声も高まっているのである*2。しかし、この声の高まりに対し、各国政府および各軍は同じ問題意識を持っているわけでは無い。むしろ、欧米諸国や中国、さらにはイスラエルなどを中心に、AIとロボットがもたらす軍事上の変革を優位な立場で利用しようとする動きが活発である。一見対立するように見える

これら動きの背景には、現時点で批判者が懸念するようなAIやロボット兵器を開発し、実戦配備している国はなく、この兵器システムは技術的な現況から将来展望を持たれている段階にあることを意味する。
　国際社会ではAIとロボット兵器の可能性を追求する動きと、その潜在的な危険性を懸念する動きが共存している。しかし、現実にはその兵器が現実に存在しないため、可能性を追求する側も、懸念する側も、想像の中で議論を展開しているに過ぎない。もっとも、そこに存在する認識のギャップには注意する必要がある。ギャップの存在を考慮せずに議論を進めると、懸念側の主張を重視すれば、AIやロボット技術が民生面で社会にもたらす進歩を犠牲にする可能性があり、追求側の立場を尊重すると、「武力紛争の規模が人類の理解を超えるスピードで拡大する」可能性も否定できない。
　このため、本章ではAIやロボット兵器をめぐる国際社会の状況を俯瞰し、その特性、そしてその開発が及ぼす軍事上の変化と、軍事社会学上の変化を展望するものとする。

1．AIとロボットの兵器をめぐる議論

　AIやロボット技術の軍事転用の可能性については、2000年代後半以降各国で関心が高まり、2015年11月の米国防長官の防衛技術イニシアチブの中で提起された「第三のオフセット戦略」の中にサイバーや宇宙と並んでAIとロボットが記載されたことで、米国内での議論が活発化した＊3。
　自律型のロボット兵器システムは、自律性の程度に差はあれ、既に存在する。たとえば、近接対艦防衛システム（イージス艦に搭載するファランクス・システムなど）は、一定の条件の下に自律的に防衛的な行動をとるようにプログラムされている。さらに、1991年の湾岸戦争を境に、米国の戦争手段にとって必要不可欠な兵器とみなされるようになった精密誘導弾も、一定の自律性を有するといえる。また、イスラエルにもアイアンドームやハーピーミサイルなど、特定の攻撃に反応して攻撃を行う機能を有する兵器がある。これら兵器は、事前にプログラムされた内容に従って自動的に攻撃を行うものであり、射撃の決定に戦闘司令官の最終判断を必要としない。

LAWSの議論におけるロボット兵器の問題では、その具体的な兵器の性能や状態以上に、兵器特性を分解して分析する必要が指摘されている。そこでは、攻撃の自律性について、攻撃命令系統における人間の介在の度合いが区別されている。CCWの議論でも、人間が攻撃命令系統に常在する（human in the loop）、必要であれば介入する機能を確保している（human on the loop）、そして機械が自律的に司令官の判断なしに決定する（human out of the loop）の三つの状態が提起され、LAWSの問題では、三番目を望ましくない状態と規定し、そこに至らないための方策を議論することにコンセンサスがあった。これは、攻撃の瞬間の人間の判断の有無と方法である。

　さらに、兵器が起動され、攻撃に至るまでの時間に特徴がある。兵器が作動した後、攻撃に至るまでの時間は、たとえばICBMなどのように、即時（作動と攻撃が同時）の場合から、作動から攻撃まで長期間に及ぶ場合まで存在する。長期間にわたる作動時間を有する典型的な兵器は、地雷や機雷等をあげることができよう。また、パッシブレーターを搭載し、レーダーなどの照射を受けたことで攻撃を開始する「徘徊型兵器（loitering munition）」のハーピーなども、兵器が作動した際には攻撃目標が確定していない。つまり、攻撃の瞬間の判断とは別に、作動中の兵器が、どの程度、どのような自律性を持つかが重要であり、そこにAIの活用が検討されることになる。兵器作動から攻撃までの時間は、作動開始から相手の攻撃を探知するまでの時間を指し、その時間は事前に規定されるものでは無いため、「待機」する機能が必要になる。

　自律兵器と類似していると認識されるものに、自動兵器がある。この兵器は事前に組み込まれたプログラムに沿って自動的に行動するものであり、作動後から攻撃に至るまでの状況の変化を認識して、事前に設定されたプログラムとは異なった判断を行う自律兵器とは異なる。作動が停止されない限り、特定の攻撃様態に反応し、部隊司令官の判断を待つことなく「リアクティブ」に反応するようにプログラムされた兵器は、攻撃の判断における考慮要件が少ない防御目的で開発されるケースが多い。

　AIとロボット技術が軍事利用されるケースでは、起動された後に攻撃に至るまでの「待機」状態の下で、兵器システム自体が自律的に情報を収集し判断を行う際の、学習能力の開発が重要な意味を持つ。この際に、AI搭載の兵器の「機械学習（machine learning）」と、攻撃機能が発動された

後の「機械同士のコミュニケーション (machine-machine communication)」が重要になってくる。AIの発展の歴史には複数次の波があるが、「機械学習」は2010年代以降のAIの発展における特徴的な点である。機械学習の結果、労働集約的な仕事（情報分析やサイバー防衛などの分野）の負荷が軽減される可能性があり、そこでの分析と評価が軍事作戦にも影響する。

2．AIとロボティックスの戦争の意味について

　AI関連技術を組み込んだ兵器について、米空軍が利用する攻撃における意思決定サイクル（「殺傷チェーン (kill chain)」やターゲット・サイクルと呼ばれる。これとは別の表現のOODAサイクルと同義である）を参考に、その役割を概観してみよう。米空軍は「発見 (find)」、「捕捉もしくは固定 (fix)」、「追跡 (track)」、「標的 (Target)」、「攻撃 (execute)」、「評価 (assess)」のサイクルを、攻撃に至る段階と規定する。それぞれの段階は、単独の攻撃をモデルに構築されており、実際の攻撃においては、段階間の連動が連続していないケースや、攻撃に至る状況によっては、必ずしも最後の段階にまで到達しないケースも存在する。

　これら一連の攻撃のサイクルにおいて、たとえば徘徊する兵器は、人間の判断が重要な要素となる「攻撃」と「評価」に至る前の段階で自律的に行動することが、AIやロボット技術によって可能になる。たとえば、遠隔地や、人間が到達不可能な地域、さらには人間による管制が、何らかの手段で妨害に直面するリスクが高い地域などでは、事前に設定したプログラムに基づき、全てのサイクルを機械が行うことが望ましい場合もある。さらに、戦闘管理システムを自律化し、AIによる高度計算を行うコンピューターの管制の下で戦闘を実施することも展望されており、その際は最終的な攻撃の操作を人間が行う以外は、機械が統制することになる。決断を行う人間は、AIが判断した状況及び攻撃方法の選択、さらにはそのタイミングについて検証する手段がなく、自身の判断を事実上システムの指令に委ね、ロボットを含めた攻撃システムの発動を行うことになる。

　このように、AIを活用した兵器の課題の一つが、兵士の役割の変化である。現在のAIの技術レベルは、『ターミネーター』を作り出す段階に至っていないが、少なくとも兵士の負荷を軽減するのではなく、代替するレ

ベルに到達している。「将来の生命」研究所が2016年に実施した調査によれば、284の兵器システムでAIが活用されており、それらの大多数は攻撃段階において人間の介在を必要としないものになっているとされる。兵士を機械が代替することは、兵器システムにおいて「意味がある人間の管理（meaningful human control）」の喪失を意味する。

米国の国防総省は、AIやロボット技術の兵器利用において、「人間と機械の協同（human-machine teaming）」を強調するが、実際には「機械同士の交流（machine-machine communication）」も同時に進行している。それと共に、戦場における効率と安全を考えるとき、人間の関与を減らして機械の自律性を最大限に高める方が合理的であり、より人道的になるとする見方も根強く存在する。機械同士の交流と機械学習が、人間の監督無しに進展した場合、AIが人間の知能を超え（「シンギュラリティ（singularity）」と呼ばれる状態）、さらにAIでコントロールされた機械が、IHL違反の責任を問われることなく非人道的根結末をもたらすとき、戦争は人間の説明責任（accountability）を超えるものへと変貌する可能性が生まれる。

国際的に活動するNGOの殺人ロボット禁止キャンペーンでは、「攻撃」の自律化に対して警鐘を鳴らすが、前述したようにAIやロボットは攻撃のあらゆる段階で活用されている。特に「追跡」における戦場の状況の明瞭化は、AIとロボット（この場合はドローンを含めたロボットシステム）が優れている場合が多く、既存の情報収集手段の活用も含め、機械への依存が拡大するだろう。ただしその場合、キャンペーンの主張の基本である、兵器システムの使用における国際人道法（International Humanitarian Law: IHL）の遵守の点では、逸脱事例が発生する可能性は否定できない。このため、AIとロボット兵器をめぐる問題では、この点が焦点となってきた。

3．AIとロボットの戦争における人道性

戦場においてAIとロボットが活動の幅を拡大する際、その性能を左右するのが情報処理能力である。情報処理能力は、事前に組み込まれた情報の質、兵器システム作動後に伝達される情報の内容、そして、それらを必要に合わせて処理する際の関数、その関数のアルゴリズムなどで左右される。特に、機械学習を活用する際、システムは攻撃対象を「捕捉」した後、

入手情報との参照により攻撃目標を決定する。たとえば、「A2ADバブル」の中では、敵対的で情報が遮断された環境の中で、配備されたシステム間で自律的に情報交換をして判断し、攻撃を実施する必要がある。その際、作動する兵器システムは事前の情報と、組み込まれたプログラムに従って行動する。さらに、攻撃の評価と、再攻撃も機械システムが自律的に判断することになる。

したがって、AIとロボット兵器をめぐる問題では、ソフトウェアとプログラムの内容に起因するもの（内容そのものに問題がある）、その両者もしくはどちらかの誤植あるいはバグが存在するもの、サイバー攻撃によりそれらが書き換えられて誤作動を起こすもの、機械のトラブル、そして機械自身が学習することによって望ましくない決定を行うこと、などに分解できる。軍事面で現在のAI研究の進展が懸念される背景には、機械学習の予測不能性があり、多くの関係者の懸念もこの点に集中している。しかし、AIとロボット兵器をめぐる問題では、その存在自体の中に包括的な課題が存在するとも指摘されている。

AIとロボット技術の活用により自律的な戦争の発生と展開が展望される中で、その可能性の追求と同時に、兵器システムが国際人道法に適合したものに規制すべきとの主張にも支持が集まっている。国際人道法の重要性を強調する意見は、市民社会団体だけではなく、各国の政府およびその軍の中にも支持がある。

国際人道法では、武力行使において均衡性（自衛権の行使に当たって、受けた攻撃に比例する反撃の権利）、区別性（軍人と市民を区別し、市民に対する攻撃を禁止する）、即時性（報復や復仇を禁止する）の諸原則が満たされる必要があるとしている。軍事作戦に直接関係する司令官や、ケースによって兵器製造者は、戦闘の局面においてこれら原則を尊重することが義務づけられ、製造業者はジュネーブ議定書の第36条で、これら人道規範の遵守が求められている。

ただし、武力行使の個別の局面ごとに、兵器システムが直面する状況は異なるため、「絶対的」に禁止されなければならない兵器システムが存在するわけではない。さらに、AIとロボット技術を兵器システムに活用する場合、前述の意思決定サイクルの一部に関係するものから、全ての段階を自律的に行うケースまで想定できる。したがって、自律兵器の定義が各

国毎に異なるものになる可能性は否定できない。自律的に敵を求めて自由に動き回り、兵器（この場合はロボットを含む）が自身の判断で攻撃を加える兵器のみを自律兵器とする国や、その一部をAIに委ねる場合であっても、それを自律兵器として禁止すべきと考える国も存在する。

自律兵器に国際人道法を適用するにあたり、問題提起された初期の段階で自律兵器の定義が定まらなかったことは、国際社会の議論を複雑にした。スイスや国際赤十字は、標的の特定と攻撃の判断を行う際の「死活的に重要な判断（critical decision）」を、人間の介在ない形で機械に委ねることの禁止を呼びかけている。さらに、国連軍縮研究研究所（UNIDIR）は、自律化の問題は、人間を殺傷する際の決断に関わる部分を機械に委ねることの是非、と規定している*4。UNIDIRの解釈は、広義な意味で兵器の自律性を禁止することになり、国際赤十字などの判断は、狭義の定義を採用していると解釈できる。

CCWにおける議論では、初期の段階から、各国の自律兵器に関わる多様な解釈をふまえ、「人間の有意な管理（meaningful human control）」の定義の精緻化を進める動きが存在した*5。これに対して、「適切な人間の判断（appropriate human judgement）」を主張する動きも存在した。前者は、攻撃に関する決定の全ての段階で人間の介在（管理—control）を必要とするとするものであり、後者は、機械に判断させたとしても、攻撃については司令官や操作者が判断することを可能にするとするものである。米国の国防総省の指令3000.09には、後者の思想が組み込まれており、イスラエルも同様の主張を行っている。単純化すると、AIやロボット兵器自体にIHLを適用し、開発から攻撃の全ての局面で規制が必要と考えるか、それとも、全ての局面で判断を行う人間に法的責任を負わせるのかということであろう。

自律兵器の規制方法については、機械と人間の双方が、正確な情報が収集でき、攻撃の結果の予想できることを前提としている。しかし、情報の正確性には限界があり、その解釈にも各種バイアスがかかり、自律兵器がIHLを完全に遵守する保証はない、その状況の下で、攻撃は最終的に人間が責任を負うことで成立する。しかし、ソフトウェアの不具合が発生し、あるいは機械学習により兵器システムが独自の判断を行った場合、責任をどこに問うべきかが問題となるのである。スウォーム兵器のように、攻撃

の責任が司令官の下になく、判断の機能がシステム全般に分散している場合、責任の在り方はさらに複雑になる。

4．AI・ロボット技術の軍事的可能性

　その危険性と問題が指摘される中で、AI及びロボット技術は各国において広範に採用されるものとなっている。オバマ政権の国防次官のワーク（Bob Work）は、「中国とロシアに対して軍事的優越を保つため」、AIを活用した兵器システムの調達を進めると発言し、現実に予算化されている。AIやロボットの兵器システムの一つの問題は、その構成技術を米国や西側諸国が独占しておらず、比較的拡散した状況であることである。さらに、複雑なシステム構成を必要としない自律兵器の場合、それは発展途上国にとって、経済的であり、軍事的に魅力的なラインアップになることであろう。前述のように、CCWでの議論が進展する間にAIやロボット技術を活用した兵器システムの開発は進み、その危険性が証明しきれない状況の下、各国で広く採用されるものになるであろう。

　AIやロボットの戦争がどのような形態になり、結果を招くのかは不明である。1942年にアシモフ（Isaac Asimov）は、SF小説『ランアラウンド』でロボット三原則を記し、その第一原則を「ロボットは人間を傷つけ、もしくは行動しないことで人間に危害を及ぼしてはいけない」としている。この原則は小説の中のものであり、現実にこのような原則が存在するわけではない。アシモフが描いたロボットはヒューマノイドに近く、そもそも人間に対して敵対的な活動を行っているわけでは無い。しかし、AI技術を活用し、敵対的なプロパガンダの発信や、偽情報を流す行為などは一般的に見られ、AIがセールスの電話をかけるなどの迷惑行為も珍しくなく、AIを組み込んだ敵対的・攻撃的なロボットの製造は夢物語ではない。

　米国が第三のオフセット戦略を採用する以前から、各国においてAIやロボット技術の活用は検討されている。ただし、米国のみがこれら技術を占有して兵器化を進めているわけではない。2016年の国防科学審議会（Defense Science Board: DSB）のサマースタディーでは、AIの軍事利用推進が「緊急の行動（immediate action）」が必要と強調されているが、その背景の一つとして、米国はAIの利用競争において敗者になりつつあるとの

懸念があった*6。この報告書では、AIが革新的変化をもたらす分野として、敵の情報収集、部隊防護、そして前線への兵站の迅速化とする反面、民間部門での技術発展に軍が追い付いていないという危機感を表明している。そして、サイバーセキュリティなどの分野で見られたように、国防総省が攻撃兵器に集中している間に対応が遅れ、後にシステムの脆弱性を解消するために多大な投資が必要になったことの教訓を生かすべきとしている。

　AIの活用において、民間分野で進む技術開発や、各国で検討される軍事利用の状況を見るとき、米国は自身の軍事利用の可能性を追求すると共に、AIが使用される環境での対抗策を検討する必要が生まれるだろう。さらに、AIの活用に関する道徳的制約が米国より低いと見られる国々によるAIの軍事利用の状況は、米国をさらに焦らせるものになっている。

　DSBの報告書は、AI進化は安全保障分野で、「軍事的優越」、「情報優越」、そして「経済的優越」に影響するとしている。実際には、AIは抽象的な概念であり、具体的な技術としては、計算速度の向上による関数計算の高度化から、機械学習まで広範な内容が含まれる。

　このため、AIの軍事利用には、現在既に存在するAI関連技術を活用し、既存の兵器システムの機能向上を図るものから、新しい兵器システムの構築まで含まれる。したがって、AIを活用した兵器システムの利用において、軍事能力向上の利益を実現できる国は、現在の軍事先進国に限られるものでは無い。たとえば、既存の技術の組み合わせによる機能向上として、もし開発途上国がAI関連技術を利用したドローンを採用する場合、それは巡航ミサイルと同様の軍事能力を獲得したことを意味する場合がある。DSBはそれを「軍事的優越」と呼んでいる。

　「情報の優越」は、AI関連技術を利用すると、情報収集と処理・分析の能力が大幅に向上し、「戦場のきり」に影響にされず作戦運用が可能になることに象徴される。「戦場のきり」は、敵の位置が確認できない状態等を指すが、遠隔地や人間が立ち入ることができない場所で情報収集が可能になると、敵の急襲を防止し、隠れた敵を発見するなど、作戦における不確実性が減ることになる。さらに、「経済的優越性」とは、AIによる産業革命で、労働集約的な職種が減り、国家のパワーの構成要素としての人口の意味が変化することにもつながる。

DSBは、これら認識の先に、国家によるラディカルな政策の採用、軍拡競争の不可避（管理可能であるとの認識も同時に存在）、国家によるAI産業の商業活動の活性化支援、技術保護策の積極化、米国の国家利益の変化（戦略や国内の資源配分の変化）が生まれると予想するのである。

おわりに　戦争の変化

　様々なリスクを克服した上で、AIとロボット技術が次世代の戦場における標準の装備になるとすれば、それを使用する戦争の形はどのようなものであるか、展望する必要がある。

　AI研究者は、AI関連技術の進展は予想以上に遅く、自律兵器として戦争の各局面で使用される段階に至るまでには、克服すべき問題が多いと指摘する。つまり、技術の性質は革新的であるが、進歩は漸進的であるとする。そして、それに合わせて戦闘の在り方も漸進的に進展していくことになると指摘する。報道では毎日のように、革新的な兵器システムが紹介されているが、それが実現し、兵器システムとして各国に採用されるには時間が必要である。

　まず、陸上では、対テロ戦闘における掃討作戦と、拠点防衛（基地やグリーンゾーンの防衛）での変化が予想される。対テロ戦闘における、密集地域でのテロリストの選別と排除、さらには都市戦闘における掃討作戦などでは、遠隔操作のドローンや自律性の高いスウォーム機器と、それに攻撃機能を加えて、味方の兵士の現場への派遣を最小限にして、犠牲を最小にすることを追求していくだろう。

　海上では、通信や指揮命令の伝達に問題がある海中でのAIの活用が予想される。海上における捜索救援、監視や偵察活動においてもAIやロボットが使用されるが、その使用法は伝統的な活動の効率化を図るものが中心となり、革新的なものにはならない可能性が高い。もちろん、艦隊戦における水平線の先からの攻撃の際、ハービンガーとしてドローンなどは使用されるが、それはAIの特徴を生かすものでは無いだろう。その意味で、海中のドローンやAIで管制される潜水艦の開発により、水中の軍事活用の在り方が変化するだろう。

　航空分野では、戦闘管理システムの開発により、攻撃及び防空を一体化

した戦闘が一般的になり、その実現の際には、無人航空編隊等の構築も考えられる。この編隊の存在では、機械同士のコミュニケーションの向上が不可欠になる。

　これらは、戦闘の変化の一側面過ぎない。戦闘の意思決定サイクルのそれぞれの段階でAIとロボットは使用されており、技術進化の状態によって、今後も新たなケースが生まれるのであろう。SF的ではあるが、戦闘ではなく、戦争自体をAIやロボットに管制させる可能性も指摘されており、そのような戦争が発生する場合には、戦争の意味とそこにおける人間の役割と意義を再考する必要が生まれるのである。

註
1 Christof Heyns, Report of the Special Rapporteur on extrajudicial, summary or arbitrary executions, A/HRC/23/47, 9 April 2013.
2 National Science and Technology Council, Networking and Information Technology Research and Development Subcommittee, *The National Artificial Intelligence Research and Development Strategic Plan*, October 2016.
3 Secretary of Defense Speech, Reagan National Defense Forum Keynote, Secretary of Defense Chuck Hagel, Ronald Reagan Presidential Library, Simi Valley, CA, Nov. 15, 2014.
4 UNIDIR, *Framing Discussions on the Weaponization of Increasingly Autonomous Technologies*, 2014(http://www.unidir.org/files/publications/pdfs/framing-discussions-on-the-weaponization-of-increasingly-autonomous-technologies-en-606.pdf).
5 Article 36., "Meaningful Human Control, Artifical Intelligence and Autoromous Weapons," April 2016.
6 Report of the Defense Science Board, "Summer Study on Autonomy," June 2016.

第4部

技術が変える
国際紛争

技術革新と核抑止の安定性に係る一考察
極超音速兵器を事例として

栗田 真広

はじめに　極超音速兵器の登場と核抑止

　軍事技術の革新は、国際安全保障の様々な側面に影響を及ぼすが、中でも核抑止の分野は、そうした技術の動向に強く左右されてきた側面であろう。そもそも第二次大戦末期に登場した核兵器は、すぐに戦争のあり方を根本的に変える新兵器として捉えられ、冷戦期の米ソ・東西間の抑止の中核的要素となった。そこへ、大陸間弾道ミサイル（ICBM）や潜水艦発射型弾道ミサイル（SLBM）、さらには多弾頭独立再突入体（MIRVs）といった新技術が加わり、米ソ間の核抑止のあり方は、冷戦期を通じて劇的な「発展」を遂げたのである。

　その冷戦期においては、各種の「新技術」が登場するたびに、それが米ソ間での核レベルの抑止の安定性にどのような影響を及ぼし得るのか、言い換えれば米ソ間の核戦争が生起する可能性にどう影響するのか、という論点をめぐり、多大な議論が展開された。SLBMと戦略原子力潜水艦（SSBN）から成る非脆弱な報復戦力や、MIRVsを用いた敵核戦力への対兵力打撃による先制攻撃の含意に係る議論は、その典型例である。この種の議論は、冷戦期を越えて今日まで、様々な戦略兵器が持つ含意を論じる際のメルクマールとなっている。

　この種の議論の延長で、今日、米露、米中といった大国間の核レベルでの抑止の安定性に大きく影響し得る、新技術を用いた兵器と目されるのが、極超音速（hypersonic）兵器である。マッハ5以上の速度で、爆弾や運動エネルギー弾を精確に投射する極超音速兵器は、各国がその実用化を競い合う革新的軍事技術であり、まだいずれの国も実戦配備に至っていないものの、既にその配備がもたらし得る潜在的な不安定化効果が議論の的となっている。以上に鑑み、本章では、米露中三カ国の極超音速兵器の開発動向

を概観した上で、それがこれらの国々の間の核レベルの抑止の安定に及ぼし得る影響を考察する。

1．米国の開発動向

現在各国が開発中の極超音速兵器には、二つの技術的系統がある。一方の極超音速ブースト滑空（HBG）技術を用いた兵器は、爆弾等を搭載した滑空体が、ミサイルで大気圏外に運搬された後に切り離されて大気圏に再突入し、マッハ5（6138km/h）以上の速度で滑空し着弾するもので、高速性に加え、滑空時の軌道の操作余地が大きいため、精確性に優れるとともに迎撃を回避しやすいという強みがある*1。もう一方の吸気（air-breathing）技術を用いた兵器は、加速した航空機等から発射された運搬体を、大気中から取り込んだ酸素で燃料を燃焼させるスクラムジェットエンジンの推進力で極超音速まで加速させ、着弾させるもので、同じく高速であることに加え、迎撃困難なディプレスド軌道での発射や発射後の標的変更などの面で、通常の弾道ミサイルに対し優位性がある*2。

米国が本格的に極超音速兵器の獲得に乗り出したのは、2003年の「通常戦力による迅速グローバル打撃（CPGS）」構想の下でのことである。CPGS構想は、地球上のあらゆる場所の標的を、1時間以内に非核兵器で精密攻撃できる能力の獲得を目指すものであった*3。米国の既存兵器体系の中では、ICBMやSLBMのような戦略核戦力が唯一そうした即応性・精確性・長射程を満たすが、核兵器は使用のハードルが高い。他方でこれらを満たせる通常兵器はなく、かつ次善の手段としての前方展開兵力や空母打撃群などの戦力投射能力も、敵対国が米軍の接近や戦域内での活動を妨害するアクセス阻止／エリア拒否（A2／AD）能力を獲得する中で、有効性が低下している。ゆえに、既存の戦略核戦力と通常戦力の間隙を埋める「使いやすい長距離攻撃能力」が希求されたのがCPGS構想であった*4。

これを実現する兵器として、当初はSLBMの一部を通常弾頭化する選択が有力視されたが、その使用が核攻撃と誤認されるリスクへの懸念から頓挫し、代わって浮上したのがHBG兵器である*5。米国には二系統のHBG兵器開発がある。先行したのは空軍と国防高等研究計画局（DARPA）の極超音速実証機（HTV-2）であったが、2010年と2011年の2度の飛翔試

験結果が思わしくなかったため、予算が大幅に削減され、再試験の計画もない。これに対し、有望なのは陸軍の先進極超音速兵器（AHW）である。グローバルな射程を持つHTV-2より短射程のAHWは、2011年の初試験で3800kmの飛翔に成功、6000kmを目指した2014年の第二回試験は失敗したものの*6、滑空体・ブースターには問題がなかったため引き続き開発が進められており、2017年、2019年に実験が計画されている。

他方、空軍とDARPAなどは、HBG技術を用いたCPGS兵器に代わり得るものとして、吸気技術を用いたスクラムジェット推進式のX-51A極超音速試験機をB-52爆撃機から投下する実験を並行して進めており、2013年の四度目の飛翔試験で、最高速度マッハ5.1、5分間の持続飛行を達成している。これを受け、そのX-51AとHTV-2からの知見を継承する形で、空軍とDARPAは米企業との協力の下、新たに二つの極超音速兵器プログラムを開始した。一つはスクラムジェット推進式の極超音速巡航ミサイルを開発する極超音速吸気兵器概念（HAWC）、もう一つは米海軍の垂直発射機など既存のプラットフォームで運用可能な、比較的短い戦術レベルの射程のHBG兵器を開発する戦術ブースト滑空（TBG）プログラムで、いずれも2020年ごろの技術実証を見込む*7。

理論上、極超音速兵器は核兵器の搭載も可能だが、CPGSから始まった米国の極超音速兵器開発は、一貫して非核兵器を念頭に置いている。ただ、想定される具体的用途の焦点は、明言こそされないものの変遷してきた。ブッシュ（George W. Bush）政権での、CPGS構想の下の極超音速兵器の役割は、主に、テロリストが集結したり、大量破壊兵器を運搬したりしている場合の精密攻撃、さらには核ミサイルを発射しようとしている「ならず者国家」への先制攻撃（preemption）であり*8、いわば「ニッチな」能力であった*9。これらの用途はグローバルな射程が必要なものであったが、オバマ（Barack Obama）政権になると、長射程を求める志向性は消えたわけではないものの、より短い射程で足る、地域的任務が重視されるようになる*10。すなわち、極超音速兵器の迎撃の難しさを活かし、A2／AD能力を持つ敵対国の防空・ミサイル防衛システムの破壊がより主要な役割と見られるようになった*11。

こうした変遷の背景には、A2／AD脅威の増大もあろうが、同時に、技術的に難しい長射程の実現に固執するよりも、実現性の高い、戦術的射

程の兵器の確立を優先することで、遅れていた極超音速兵器の開発を加速させる意図があるものと思われる。なお、大元のCPGS構想も、「グローバル」を落とした「通常戦力による迅速打撃」という名称に変わった*12。

だがそれでも、米国の極超音速兵器獲得は2020年以降になる見込みである。この状況に対して、米国内ではこの種の兵器の開発競争で他国に後れを取りつつあるとの懸念が強まっており、全米アカデミーズが国防省に提出した非公開の報告書でも警鐘が鳴らされている*13。そうした、極超音速兵器開発で米国に先行し得る国として挙げられているのが、ロシアと中国である。

2．ロシアの開発動向

プーチン（Vladimir Putin）大統領自らが繰り返し言及してきたことから分かるように、ロシアでは米国のCPGS構想への警戒が強く、これは主に、極超音速兵器での非核の精密誘導攻撃がロシアの戦略核戦力の残存性を脅かし、米国が並行して進める弾道ミサイル防衛（BMD）と相まって、ロシアの核抑止力の信頼性を損ねることへの懸念と言える*14。だが一方で、そのロシアも極超音速兵器を開発してきた。同国のHBG兵器開発の起源は古く、現在に至る開発計画は2009年以降進められているプロジェクト4202と呼ばれるプログラムであるが、これは元々1980年代前後に、米国の戦略防衛構想（SDI）の下でのミサイル迎撃システム突破手段を獲得するために始まった、弾道ミサイルに搭載するための限定的な誘導能力を備えた機動式再突入体（MaRV）の開発プログラムを受け継いでいる*15。

この経緯が示唆するとおり、プロジェクト4202の下で進むロシアのHBG兵器開発は、米国のBMDへの対抗措置を構成するもので、かつそのHBG兵器は、同国の核戦力近代化の一部として位置づけられている*16。すなわちロシアはHBG兵器を、その迎撃の難しさに着目し、米国のBMDを確実に突破できる核攻撃の手段として追求しているのである。米国は、欧州配備のBMDはロシアを念頭に置いていないと説明しているが、ロシアは受け入れておらず、核抑止力の信頼性を維持するための対抗策を希求している*17。

ロシアはプロジェクト4202の下で、2011年以来恐らく5回程度、Yu-71

と呼ばれる極超音速滑空体の飛翔試験を行っており、2016年4月に初めて成功、マッハ6を達成し、迎撃回避機動が可能であることが示された[*18]。Yu-71の射程は9900km程度とされ、試験ではブースターとしてSS-19 ICBMが用いられたが、今後配備されるRS-28 ICBMでの運搬も可能との情報もある[*19]。同年にはさらに、新型滑空体Yu-74の実験も行われている[*20]。なおプロジェクト4202では、2020年までに限られた数のHBG兵器を供与した上で、2025年までに、24以上の数の滑空体を配備することが目指されている。

　他方、実はHBG兵器よりも開発が先行しているのが、吸気技術を用いた極超音速兵器である。ロシアはかねてから、ミサイル巡洋艦や潜水艦、戦略爆撃機から発射する、スクラムジェット推進の極超音速巡航ミサイル3M22 ジルコンを開発していたが[*21]、2017年6月、発射試験に成功したと報じられた[*22]。核・通常弾頭両用のこのミサイルは、射程400km、速度はマッハ8に達し、2018年には就役する見込みとされ、実現すれば、他国のものも含め初めて実戦配備される極超音速兵器となる[*23]。

3．中国の開発動向

　中国の現在のHBG開発も、ロシアと同様、1990年ごろに開始された、一定の終末誘導が可能なMaRVの開発に起源を持つ[*24]。これはその後、DF-15BやDF-21、DF-26といった短距離から中距離の弾道ミサイルの終末誘導型弾頭化に繋がったが、後述するように、中国がそれらのミサイルを用いてHBG兵器の飛翔試験を行っていることもあり、米国の一部には、現時点で中国が開発しているHBG兵器は、既存の終末誘導型弾頭を改良した程度のものに過ぎないのではないかとの見方もある[*25]。

　中国はDF-ZFと呼ばれる極超音速滑空体を開発しており、2014年1月以来、7回にわたって飛翔試験を実施してきた[*26]。詳細は公表されていないものの、試験された最大射程は5回目の2100kmと見られ、米国のHBG兵器と比べてかなり短い。最新の7回目は1250km程度の射程で行われており、DF-21ミサイルが用いられた模様であるが、外部の専門家からは、将来的にはより長射程のDF-31 ICBMなどに搭載される可能性の指摘も出ている[*27]。ただ、中国メディアは滑空体の運搬に用いられるものとして、DF

−11やDF-15B、DF-21、DF-26などの短距離から中距離の弾道ミサイルを列挙していた*28。

　米露と比べて、中国のHBG兵器は、いかなる標的が念頭にあるのか、そもそも核・非核のいずれの形で運用されるのか、不透明性が大きい。上述の飛翔試験での射程の短さもあり、現段階では、欧米のアナリストらの間ではそれが地域的な非核のA2／AD兵器として用いられるとの見方が強いが、長期的にはやはり長射程化し、ミサイル防衛を突破できる核戦力として、また米国のCPGS同様の長距離非核打撃力として運用することを目指しているとの指摘も根強い*29。もっとも、そうしたグローバル射程での運用に堪える滑空体と、中国が試験してきた2000km程度の射程で運用されるものとの間には、技術的に大きな乖離があり、実際に中国が長射程のHBG兵器を開発するには困難も多いとされる*30。

4．核レベルでの抑止の安定性への影響

　これらの極超音速兵器は、米露間、米中間の核レベルでの抑止の安定にどう影響を及ぼし得るのか。いわゆる戦略的安定性（strategic stability）の概念を核とする、冷戦期の米ソ間の戦略核レベルでの抑止に関する議論では、第一撃に係る安定性（first-strike stability）を確保することが、その安定を保つ上で重要なものと考えられてきた。これはすなわち、双方の戦略核戦力が非脆弱であるために、米ソいずれの側でも、相手国を武装解除するため、もしくは相手国の先制核攻撃を受けて不利な状況に陥る事態を避けるために、先制核攻撃をかける誘因が生じない状況を指す概念である*31。

　大国間の核レベルでの抑止の安定と極超音速兵器の関係について、今日最も指摘が多いのは、主に長射程のHBG兵器が、この第一撃に係る安定性に与える悪影響であろう。HBG兵器はその精確性から、相手国の戦略核戦力を破壊する対兵力打撃の有効な手段となり得るため、大規模に配備されれば、理論上、第一撃に係る安定性の前提となる、双方の戦略核戦力の非脆弱性が損なわれる。中露は、米国のCPGS批判に際し、この点を指摘してきた。当の米国はCPGSに関して、「ならず者国家」はともかく、中露の戦略核戦力への攻撃手段とする意図はないとの立場を取ってきたが*32、両国はこれを受け入れていない。中露では、対兵力打撃手段とし

てのCPGSと、破壊し損ねた核戦力による報復を迎撃するBMDの組み合わせによって、米国は報復核攻撃を恐れずに両国の戦略核戦力に対する先制攻撃を遂行し得る態勢を獲得するとの懸念が強い*33。中国の場合、米国は戦略核レベルでの中国との相互の脆弱性を公式に認めておらず、かつ核戦力の規模も米露と比べ小さいため、尚更この種の警戒が生まれる余地は大きい。これらを受けて、西側の専門家の間でも、HBG兵器が中露をして平時の核戦力の警戒態勢引き上げに向かわせ、危機が生じた際には米国の先制攻撃への懸念に由来する早期核使用の誘因を生むとの指摘が出ている*34。

自国の核抑止力が無力化されることへの懸念から、現時点ではロシアが、仮に米国の先制攻撃を受けて少数しか核戦力が残らなくとも米国のBMDを突破できるよう、長射程の核搭載HBG兵器を追求しており、中国も今後同様の方向に進む可能性がある。この論理だけを切り取れば、そうした核搭載の長射程HBG兵器は、非脆弱な第二撃用核戦力の確保として、第一撃に係る安定性に資する。けれども問題は、そうしたHBG兵器が同時に、有効な対兵力打撃手段たり得ることである。米国と比べ核戦力の規模が小さい中国はともかく、ロシアがこの種の潜在的な対兵力打撃能力を増進させることは、必然的に米国の懸念を呼び、両国間で、第一撃に係る安定性を脅かすような方向の核軍拡競争を加速させかねない。

なお、中国は米露と異なり、対兵力打撃による損害限定を含め、核ドクトリンの中に核戦争の「遂行」という要素を取り入れることに消極的であってきたことから*35、同国は長射程の核搭載HBG兵器を獲得しても、米国の戦略核戦力に対する対兵力打撃能力としての運用を目指さないことも考えられる。だが、中国が将来的にそうした長射程のHBG兵器を獲得したとき、それを米国のCPGSと同様の、非核の長距離精密攻撃手段と位置づける可能性は注意が必要である。中国はこれまでも、核戦争の「遂行」を追求するような核ドクトリンの洗練には消極的な一方で、通常弾頭ミサイル戦力に関しては、米ソが核兵器を用いた対兵力打撃の標的としていたものと同様の、敵対国の指揮・通信中枢やミサイル基地などを標的とする、攻撃的運用を念頭に置いてきた*36。これを踏まえれば、中長期的には、非核の長射程HBG兵器という形で、米国はそれまであまり意識してこなかった中国による自国の核戦力への対兵力打撃の脅威を意識せざるを得な

くなることがあり得る。

　一方、より射程の短い極超音速兵器、例えば現時点での中国のZF-DFや、米国のTBGプログラムが目指すと見られる戦術的射程のHBG兵器、吸気技術を用いた短射程の極超音速巡航ミサイルなどに関しては、核レベルでの抑止の安定性に悪影響を与える見込みは小さいとの見方がある*37。これらの兵器は、長射程のHBG兵器とは違い、米中露それぞれが本土深くに配備した戦略核戦力を脅かさないことから、第一撃に係る安定性を損ねにくいためである。ただ、現時点ではその兆候が見られるわけではないものの、もしこれら射程の短い極超音速兵器が、戦域・戦術核兵器の運搬プラットフォームとして前線に配備されることがあれば、それは注意が必要であろう。そのような兵器システムは、通常の戦域・戦術核システムと同様、前線配備ゆえに相手国の先制攻撃に対して脆弱であり、「使うか失うか（use or lose）」の圧力に起因した、早期核使用の誘因となり得るためである。とりわけ、米中露がそれぞれ、地域的シナリオで用いる非核の短射程の極超音速兵器を積み重ねていく中では、そうした「使うか失うか」の圧力は尚更大きくなることが予想されよう。

おわりに　極超音速兵器に係る信頼醸成の可能性

　以上の考察からすれば、極超音速兵器、特に長射程のHBG兵器は、潜在的に米露・米中間の核レベルでの抑止の安定にとって、少なからず悪影響を及ぼすものと考えられる。

　しかしながら、その中核的要素である、第一撃に係る安定性への影響に関しては、一定の信頼醸成措置を追求する余地があることを見逃してはならない。結局のところ、米国のCPGSが彼らの戦略核戦力への対兵力打撃の手段であると見る中露の懸念は、基本的には対米不信に由来するものであり、事実として米国がそれを追求しているわけではない。同時に、少なくとも現時点では、ロシアも中国も、長射程のHBG兵器の開発の主眼が、米国の戦略核戦力に対する対兵力打撃にあるわけでもない。であれば、今後最も回避されるべきは、相手国の兵器開発の実際の志向性というよりも、そうした相互不信に基づく形で、第一撃に係る安定性を脅かすような方向での極超音速兵器の軍拡競争が加速していくことであろう。そのためには、

HBG兵器の用途等に関する相互理解の促進に焦点を置いた、米中露間の信頼醸成措置を模索していくことが望ましい。

　勿論、極超音速兵器が、大国間の核レベルの抑止のあり方を規定する要素として、独立して存在するわけではなく、そうした信頼醸成措置は、それぞれの核戦力全体や、拡大抑止を含めた地域安全保障の様相との関係を踏まえつつ構想されなければ意味を為さない。その意味で、極超音速兵器の登場は、大国間の抑止関係のあり方について、あらためて突き詰めた形で検討することの重要性を、浮き彫りにしていると言えるのではないだろうか。

（2017年7月31日脱稿）

註

1　Lora Saalman, "Factoring Russia into the US-Chinese Equation on Hypersonic Glide Vehicles," *SIPRI Insights on Peace and Security*, No. 2017/1, January 2017, p.1, www.sipri.org/sites/default/files/Factoring-Russia-into-US-Chinese-equation-hypersonic-glide-vehicles.pdf. なお以下、オンライン資料の最終アクセス日は、特に注記のない限り、2017年7月29日である。

2　Rachel Wiener, "The Impact of Hypersonic Glide, Boost Glide, and Air-Breathing Technologies on Nuclear Deterrence," Mark Cancian, ed., *Project on Nuclear Issues: A Collection of Papers from the 2016 Nuclear Scholars Initiative and PONI Conference Series*, CSIS, 2017, p. 139.

3　National Research Council, *U.S. Conventional Prompt Global Strike: Issues for 2008 and Beyond*, National Academies Press, 2008, pp. 18-19.

4　Keith Payne et al., *Conventional Prompt Global Strike: A Fresh Perspective*, National Institute for Public Policy, June 2012, pp. 4-5, www.nipp.org/Publication/Downloads/Downloads% 202012 /CPGS_REPORT%20for%20web.pdf, accessed on July 31, 2013.

5　以下、米国の極超音速兵器の開発動向に関しては、特に注記のない限り、Amy Woolf, *Conventional Prompt Global Strike and Long-Range Ballistic Missiles: Background and Issues*, CRS, February 3, 2017, pp. 8-20を参照した。

6　"Statement of James M. Acton, Co-director and Senior Fellow, Nuclear Policy Program, Carnegie Endowment for International Peace," *Congressional Testimony by CQ Transcriptions*, February 23, 2017.

7　*Jane's Missiles & Rockets*, November 7, 2016; *Jane's Defence Weekly*, November 1, 2016; *Jane's International Defence Review*, March 9, 2016.

8 Eleni Ekmektsioglou, "Hypersonic Weapons and Escalation Control in East Asia," *Strategic Studies Quarterly*, Vol. 9, Issue 2, Summer 2015, p. 47.
9 *Inside Missile Defense*, January 27, 2010.
10 Dennis M. Gormley, "US Advanced Conventional Systems and Conventional Prompt Global Strike Ambitions: Assessing the Risks, Benefits, and Arms Control Implications," *Nonproliferation Review*, Vol. 22, No. 2, 2015, p. 130.
11 Robert Haffa and Anand Dalta, *Hypersonic Weapons: Appraising the "Third Offset"*, AEI, April 2017, pp. 5-7, www.aei.org/wp-content/uploads/2017/04/Hypersonic-Weapons.pdf.
12 *Inside Missile Defense*, May 24, 2017.
13 *Aviation Week & Space Technology*, February 14, 2017.
14 James M. Acton, "Russia and Strategic Conventional Weapons: Concerns and Responses," *Nonproliferation Review*, Vol. 22, No. 2, 2015, pp. 141-145.
15 Ibid., p. 149; Vladimir Dvorkin, "Hypersonic Threats: The Need for a Realistic Assessment," Carnegie Moscow Center, August 9, 2016, carnegie.ru/2016/08/09/hypersonic-threats-need-for-realistic-assessment-pub-64281. 広義には、HBG兵器もMaRVの一種である。
16 Wiener, "The Impact of Hypersonic Glide, Boost Glide, and Air-Breathing Technologies," p. 142.
17 Heather Williams, "Hypersonic Disrupt Global Strategic Stability," *Jane's Intelligence Review*, February 6, 2017.
18 以下、ロシアの極超音速兵器の開発動向については、特に注記のない限り、Wiener, "The Impact of Hypersonic Glide, Boost Glide, and Air-Breathing Technologies," pp. 141-143を参照した。
19 Williams, "Hypersonic Disrupt Global Strategic Stability."
20 Ibid.
21 *The Times*, March 27, 2017.
22 *Independent*, June 3, 2017.
23 Sergei Sukhankain, "Russia Claims Hypersonic Missile Test," *Real Clear Defense*, May 2, 2017, www.realcleardefense.com/articles/2017/05/02/russia_claims_hypersonic_missile_test_111284.html.
24 "Statement of Mark A. Stokes, Executive Director, Project 2049 Institute," *Congressional Testimony by CQ Transcriptions*, February 23, 2017.
25 "Statement of James M. Acton."
26 以下、中国の極超音速兵器の開発動向については、特に注記のない限り、

"Statement of James Acton"を参照した。
27 Williams, "Hypersonics Disrupt Global Strategic Stability."
28 Erika Solem and Karen Montague, "Chinese Hypersonic Weapons Development," *China Brief*, Vol. 16, Issue 7, April 21, 2016, jamestown.org/program/updated-chinese-hypersonic-weapons-development/.
29 Saalman, "Factoring Russia," pp. 5-7; Wiener, "The Impact of Hypersonic Glide, Boost Glide, and Air-Breathing Technologies," p. 144.
30 "Statement of James Acton."
31 Elbridge A. Colby, "Defining Strategic Stability: Reconciling Stability and Deterrence," Elbridge A. Colby and Michael S. Gerson, eds., *Strategic Stability: Contending Interpretations*, U.S. Army War College Press, 2013, pp. 48-49. コルビー（Elbridge Colby）によれば、この第一撃に係る安定性に関して、当事国が感じる心理的圧力なども勘案したものが、危機の安定性（crisis stability）である。
32 *The Status of United States Strategic Forces: Hearing before the Subcommittee on Strategic Forces of the Committee on Armed Services House of Representative*, 111 Congress, 2nd Session, March 16, 2010, p. 80; U.S. Department of Defense, *Nuclear Posture Review Report*, April 2010, pp. 28-29, www.defense.gov/Portals/1/features/defenseReviews/NPR/2010_Nuclear_Posture_Review_Report.pdf.
33 Wiener, "The Impact of Hypersonic Glide, Boost Glide, and Air-Breathing Technologies," pp. 152-154; Lora Saalman, *Prompt Global Strike: China and the Spear*, APCSS, April 16, 2014, p. 1, apcss.org/wp-content/uploads/2014/04/APCSS_Saalman_PGS_China_Apr2014.pdf.
34 Gregory Kulacki, *China's Military Calls for Putting Its Nuclear Forces on Alert*, Union of Concerned Scientists, January 2016, p. 1, www.ucsusa.org/sites/default/files/attach/2016/02/China-Hair-Trigger-full-report.pdf; James M. Acton, *Brief: Silver Bullet? Asking the Right Questions about Conventional Prompt Global Strike*, Carnegie Endowment for International Peace, September 2013, p. 2, carnegieendowment.org/files/Brief-Acton.pdf.
35 Gaurav Kampani, "China-India Nuclear Rivalry in the "Second Nuclear Age"," *IFS Insights*, No. 3, November 2014, p. 6, brage.bibsys.no/xmlui/handle/11250/226454.
36 防衛省防衛研究所編『中国安全保障レポート2016』2016年、38～39頁。
37 例えば、"Statement of James M. Acton."

トランスナショナル化するテロリズム
現代技術はテロの脅威をどう変えたのか？

和田　大樹

はじめに

9.11同時多発テロ（9.11）から15年以上の歳月が流れるが、未だに国際テロの脅威が収まる気配はない。9.11ほど大規模なテロは発生していないものの、むしろその脅威は拡散し、対処するのがより困難なものへと変化している。9.11によって、米国は対テロ戦争としてタリバン政権が支配するアフガニスタンへの攻撃を開始し、アルカイダの撲滅に尽力を注いだ。そして長期戦となるものの、圧倒的な軍事力のもとタリバン政権を2001年12月に崩壊させ、またアルカイダの幹部を次々に殺害、拘束していく中、2011年5月にオサマ・ビンラディン（Osama Bin Laden）をパキスタンのアボダバードで殺害した。

しかし、アルカイダの幹部等を拘束、殺害していくことによって、アルカイダが組織として衰退していったことは確かであるが、それによって安全保障上の国際テロの脅威も収まっていったと評するはできない。例えば、9.11からオサマ・ビンラディンが殺害された2011年5月の約10年の間でも、イラクのアルカイダ（AQI）やマグレブ諸国のアルカイダ（AQIM）、アラビア半島のアルカイダ（AQAP）など、オサマ・ビンラディンをトップとするアルカイダに忠誠を誓う組織が各地に台頭し、またその呼び掛けやメッセージに応じる形で自発的にテロを試みる個人が現れるようになった。さらに2014年6月に台頭したイスラム国（IS）によって、その動きにさらなる拍車が掛かるようになり、エジプトやリビア、イエメン、アフガニスタンなどにISの州（Wilayah）を名乗る組織が各地に現れ、ISが活動するシリア・イラクに渡る外国人戦闘員の数も数万人に膨れ上がった*1。

このように、1つのテロ組織が"中枢"となり、それに忠誠や支持を表明する組織や影響を受ける個人が各地に台頭するという状況は、これまで

のテロリズムの歴史でもみられなかったことだ。20世紀におけるテロ組織は、国境を跨いでグローバルなレベルでテロを実行するといったものではなく、その目標や標的も主に国内的なものであったといえる。しかし、現代技術の発達によって、フェイスブックやツイッター、ユーチューブなどのソーシャルメディア（SNS）が普及し、それを日常生活の中で使用する世界人口も大幅に増加した[2]。そしてそれによって、テロ組織も自らの主義・主張を発信するツールとして、またメンバー間での連絡や情報共有のツールとしてSNSなどを利用しており、国際社会が如何に協力してそれに対処するかが喫緊の課題となっている。以上のようなことを踏まえ、本稿では、SNSに代表される現代通信技術がいかに安全保障上の国際テロの脅威に影響を与えてきたのかについて、アルカイダとISの事例により紹介し、またそれが両組織にとってどのような意味を持ち、今後国際社会はどうそれに対処していくべきなのかについて論じ、本稿を閉じるとしたい。

1．テロリズム研究と現代技術

ポスト9.11以降、世界中で注目が集まるようになったテロリズム研究は[3]、インターネットやSNSなどの現代技術の影響を直接的に受ける研究領域と言えよう。むしろ、そのような現代技術なしにテロ組織も脅威を拡散させることはほぼ不可能で、それが如何にテロ組織の活動に影響を与えているかは、常にテロ研究者の問題意識の中心に置かれてきた。これまでの研究の中でも、インターネットがテロ組織の拡散、またホームグローンやローンウルフと呼ばれるテロに深く関係しているとする見解は[4]、多くの研究者から聞かれている[5]。

2014年6月に台頭したISは、フェイスブックやツイッター、ユーチューブなど簡単に無料で使えるツールを駆使することで、ISの支部や大量の外国人戦闘員の獲得を実現した[6]。その中で、ISに流入する人々の背景には、モスクでの過激な説教、また家族や友人など周りからの勧誘などが挙げられているが、そのような場合においてもインターネットやSNSなどは連絡の交換や情報共有、過激派サイトへのアクセス等で欠かすことのできないツールとなっており、現代においては如何にテロリストのインタ

ーネットやSNSへのアクセスと利用を防止するかが重要な課題となっている。

2．現代技術が与えた具体的影響

(1) 中枢組織に忠誠・支持を表明する組織の台頭

　初めの箇所でも触れたように、9.11以降、米軍主導の対テロ戦争によってアルカイダは多くの幹部を失い、組織的に弱体化した。そして9.11のような大規模なテロを自らで計画して実行することが困難となった一方、インターネット上の動画サイトを利用し、欧米への攻撃を世界中の支持者たちに呼び掛けるなど広報的な役割に徹するようになった。それ以降、AQIMやAQAPなどアルカイダの名前を冠するグループや自発的にテロを試みる個人が台頭するようになり、この脅威をどう捉えていくべきかが研究上の課題となった。

　例えば、ランド研究所のセス・ジョーンズ（Seth G.Jones）、戦略国際問題研究所（CSIS）のリック・ネルソン（Rick Ozzie Nelson）とトーマス・サンダーソン（Thomas M.Sanderson）は、このテロの拡散とも呼ばれる現象を、以下のようにネットワークとしてモデル化する試みを行った。まずジョーンズは、1988年の設立当初からオサマ・ビンラディンが主導するアルカイダを、「セントラルアルカイダ」（Central al Qa'ida）として中枢に置き、周辺を、① 中枢へ忠誠を表明し、アルカイダの名前を組織名に冠して活動する組織「アルカイダ系統」（Affiliated groups）、② 歴史的な背景から目的や価値観が一致した場合にアルカイダと一定の協力をする組織「アルカイダ同盟」（Allied groups）、③テロ組織ほどの規模ではないが、アルカイダと一定の関係を持ち、欧米とその同盟国の権益を標的としたテロを試みるセルやそのネットワーク（Allied networks）、④アルカイダと直接的な関係はないが、インターネットによる呼び掛けを通じて自ら過激化し、テロを試みる個人（Inspired individuals）の4つに分類した[*7]。またネルソンとサンダーソンも、ジョーンズも同じようにオサマ・ビンラディンが率いるアルカイダを、「アルカイダコア」（Al Qaeda core）として中枢に置き、周辺を、①AQAPやAQIMなど地域のアルカイダを名乗るグループ、またパキスタンタリバン（TTP）やラシュカレタイバ（LeT）などアルカイダと

歴史的に関係を持つグループ（Al-Qaeda affiliates and like-minded groups）、②アルカイダとの直接的な関係はないが、アルカイダのインターネットによる呼び掛け等を通じて自ら過激化してテロを試みる細胞や個人（Al Qaeda inspired, nonaffiliated cells and individuals）と2つに分類した*8。

　研究者によって、そのモデル化に少々の違いは見られるが、このようなアルカイダのネットワークモデルに関する研究はその後のテロ研究でも活用され、それはその後のISの台頭と拡散を捉える上でも応用することができる。

　2014年6月以降、ISはアルカイダを上回る存在感を持つようなり、フェイスブックやツイッター、ユーチューブなどの最新通信技術を巧みに利用することで世界中のジハーディストたちを魅了し、自らの影響力を拡大させる戦略を見せるようになった。例えば、2014年11月、エジプト・シナイ半島を拠点とするイスラム過激派組織アンサル・ベイト・アルマクディス（Ansar Beit al-Maqdis）は、ISへ忠誠を表明し、組織名を"イスラム国のシナイ州"へ改名した。そしてそのような動きは、アルカイダへ忠誠や支持を表明してきたアブサヤフ（Abu Sayyaf）やTTP、ボコハラム（Boko Haram）などの指導者や一部メンバーからもみられるようになり、アルカイダからISへのシフトチェンジという現象が生じるようになった。例えば、米国のソウファングループ（Soufan Group）が公表した情報によると、2015年6月の時点で、ISが忠誠を受け入れた組織は中東とアフリカを中心に10支部存在し、それらは東からパキスタンとアフガニスタンに跨るホラサン州、イエメンのサヌア州、サウジアラビアのハラマン州とナジュド州、エジプトのシナイ州、リビアのバルカ州とトリポリ州、フェザン州、アルジェリアのジャザーイル州、ナイジェリアの西アフリカ州となっている*9。

　これを上記研究者らが示したネットワークモデルに当てはめると、まずイラクとシリアに跨る形で領域支配を実現したISは、中枢組織として"セントラルIS"、"ISコア"などと当てはめることができ、シナイ州やホラサン州などは周辺組織として「IS系統」（IS affiliated group）と表すことができる。またISのインターネットによる呼び掛けを通じて自ら過激化し、テロを試みる個人も"Inspired Individuals"として表すことができ、アルカイダとISでは誕生と拡散の時期で違いはあるものの、アルカイダのネットワークモデルを応用することでISが同じような形で拡散を遂げ

トランスナショナル化するテロリズム

図1 アルカイダとISのネットワーク

https://www.washingtonpost.com/world/national-security/in-libya-the-islamic-states-black-banner-rises-by-the-mediterranean/2015/10/08/15f3de1a-56fc-11e5-8bb1-b488d231bba2_story.html?utm_term=.47e3b4c21e56

ていることが分かる。

(2) 中枢組織の影響を受ける個人の台頭

　周辺を構成する脅威としての個人についても、前述のネットワークモデルの中で言及したが、特にこれは、9.11以降の国際テロの脅威を持続させる上で中核的な役割を担うようになった。9.11以降も、2002年10月のバリ島ディスコ爆破テロ、2004年3月のマドリッド列車爆破テロ、2005年7月のロンドン同時多発テロ、2008年11月のムンバイ同時多発テロなど世界各地で大規模なテロ事件は発生してきたが、国家間の協力によるグローバルなテロ対策が強化され、欧米諸国などでは多くのテロ計画が未然に防止されるようになったことから、組織的な弱体化と相まって、アルカイダが自らで大規模なテロを実行することは困難となった。しかし、アルカイダがインターネット上に配信する動画やメッセージに共鳴する形で自発的にテロを試みるケースが、2006年あたりから見られるようになり、それは各国内

171

の治安情勢にも大きな影響を与えることとなった。

　例えば、ジョージワシントン大学のLorenzo Vidino博士は、2006年1月から2010年12月までの5年間に欧州で発生したテロ事件を調査し、その結果をランド研究所の論文の中でまとめている*10。それによると、同5年間で未遂を含めたテロ事件は欧州で33件報告され、そのうち1件を除く32件がこのケースにあたるとされる。そしてその32件は、インターネット上に流れる呼び掛けや勧誘の影響を受け単独でテロを試みるケース（Independent）と、それがきっかけとなってアルカイダネットワークのメンバーと接点を持ち始め、財政的、技術的、イデオロギー的なサポートを受けながらテロを試みるケース（Hybrid）に分けられ、全体の約7割に当たる21件がIndependentのケースだったとされる。

　しかし、Independentのケースでは、爆発物の製造方法やテロ計画などについて専門的な知識を持っていない素人が行い、爆発物を操作できず自分のみが負傷したり、未然に逮捕されたりするケースが多く、また自らが自爆テロを行う時、人として自然に感じる恐怖感により、テロ実行が失敗に終わる場合もあったとされる。実際、2006年8月にロンドンのヒースロー空港を離陸する複数の旅客機を狙ったテロ未遂事件で逮捕された犯人の1人は、裁判の席で、「インターネット上の情報だけではテロ攻撃に十分な爆発物を製造することは難しく、また自らが負傷もしくは死亡するかも知れないと考えれば非常に怖かった」と証言している*11。

　一方、Hybridのケースとしては、代表的な例としてAQAPで広報官を務めたアンワル・アウラキ（Anwar Awlaki）のケースがある*12。アウラキの両親はイエメン出身であるが、アウラキ自身は米国生まれの米国人で、2004年にイエメンへ渡り、そこからアルカイダの活動に深く関わるようになった。アウラキは2011年9月、米軍の無人爆撃機による空爆で殺害されたが、それまでにAQAPのオンライン機関誌「インスパイア（Inspire）」などを通して、欧米を標的とする自発的な単独テロを繰り返し呼び掛けていたことから、米当局からも警戒される米国人となった。アウラキが関与した事件としては、2009年11月のフォートフッド米陸軍基地銃乱射テロ、2009年12月のデルタ航空機爆破未遂テロなどが挙げられるが、アウラキはインターネット上の呼び掛けなどで繋がった個人と連絡を取り合い、それら個人に単独的なテロを実行するよう説得するなど思想面で大きな影響を与え

た。

　そしてフェイスブックやツイッターなどのSNSの利用が日常化した後に現れたISは、それらを自らの影響力拡散の手段として巧みに利用することとなった。その影響を具体的に示すものの1つに、ISに流れ込む外国人流入者の例がある。この外国人の中枢組織への流入というものは、アルカイダにもいえることではあるが、その規模がまるで異なる。その外国人流入者を調査したものとして、例えば2015年1月にキングスカレッジロンドンの研究機関ICSRが公表した統計結果がある＊13。それによると、2015年1月の時点でシリア・イラクへ流入した外国人は2万人を超え、国籍別ではチュニジアの1500人～3000人を筆頭に、サウジアラビア1500人～2500人、モロッコ1500人、ヨルダン1500人、ロシア800人～1500人と続いた。また欧州各国からの流入も大きな特徴で、フランスから1200人、英国とドイツから500人～600人、ベルギーから440人、オランダから200人～250人などとなっており、各国から多くの者が流入していることが窺える。ISはSNSを駆使するほかにも、幹部や戦闘員のインタビュー記事や支持者へのメッセージなどを掲載するオンライン雑誌「ダビク（Dabiq）」を発行し、自らの思想や組織としてのブランドを高めるよう努めた。

3．テロ組織にとっての現代技術

　このように、21世紀以降の国際テロ問題の代表的な事例であるアルカイダとISの動向を見てくると、両組織は軍事力や組織力では国家というアクターには到底叶わないにしても、それに忠誠や支持を表明する組織や影響を受ける個人が各地で台頭することで、国際社会に安全保障上の脅威を与え続けてきた。また、それによって特に欧米諸国内ではその脅威が内発的に現れるようになったことから、外交・安全保障、軍事・国防だけでなく、国内治安、一般犯罪といった観点からも対処していく必要性が高まった。そしてそれはテロの拡散と呼ばれる形で、発生予測と事前対処がより困難な脅威と化し、国際社会をテロの負のスパイラルへ陥れることとなった。

　また2014年2月のアルカイダによるISILの破門以降の両者の対立は、ザワヒリとバグダディの個人的な関係悪化によるものだったとはいえ＊14、

両者は共にサラフィージハーディスト集団で、サラフへの回帰を目指すという究極的な目標も変わらない*15。異なる傾向としては、第一義的な敵、シーア派への攻撃などがあるが*16、グローバルなレベルでの攻撃を厭わない意志と戦略に大きな違いは見受けられず、安全保障上の脅威という観点からは、アルカイダかISかといった議論が重要なのではない。要はその脅威の根源になっているのは、もはやアルカイダやISといった組織ではなく、両者の思想そのものだというべきだろう*17。

実際、その脅威としての思想は、組織的に弱体化したアルカイダが持続していく上で生命線的な役割を果たすようになり、それを拡散させる上でインターネットやSNSなどの現代技術は欠くことのできないものとなった。国家の軍事力によって領域支配や聖域を物理的に失ったとしても、現代技術を駆使してサイバー空間を新たな聖域とすることで、脅威としてのアルカイダは長く持続することとなった。言い換えると、SNSなどの現代技術は我々現代人に多くの恩恵を与えてきた一方、そのリスクも提供してきたのである。

おわりに　現代技術を駆使するテロにどう対処するのか

脅威としての思想の拡散によって、テロを未然に防止することは一般的な犯罪と同じように難しくなった。アルカイダやISは大規模なテロ攻撃を主導していくことが困難となる一方、トラックやナイフなど身近なものを使った単独的な攻撃を強く訴えるようになり、その呼び掛けに応じるかのように、欧米諸国内では両組織の思想が関連するテロ事件が繰り返し発生してきた。SNSや人工知能AI、仮想通貨ビットコインなど最新技術が次々に人々の日常生活を変えていく中、各地で発生するテロも変化を遂げている。よって、国際社会はテロリストの常に一歩先を走る形で技術革新に着いていく必要がある。

例えば、米国の大手IT企業であるフェイスブックとツイッター、ユーチューブ、マイクロソフトは2017年6月26日、テロ対策の一環として、暴力的な過激主義思想の拡散を防止するため、共同で対処する団体を設立することを明らかにした*18。設立された団体は「Global Internet Forum to Counter Terrorism」と呼ばれ、アルカイダやISと関連するコンテンツ等を

発見すれば、適宜他社へ情報を提供するなど相互の協力を強化する。今までは各社が独自に疑わしい投稿を削除してきたが、今後は人工知能AIなどの積極的活用、またIT研究者や元公安関係者など専門家の雇用を通して、現代技術を駆使するテロを防止していくことが期待されている。しかし、このような取り組みがどこまで有効かは未知数であり、またテロリストも次々と新たな手口を考えてくることから、国際社会には多くの課題と懸念が残っているというのが現実だろう。

　最後に本稿を閉じるにあたり、1つ付け加えておきたい。21世紀以降のテロ研究は、イスラム過激派によるテロが目立ってきたことからどうしてもイスラムとテロを絡める形で進められてきたが、何も暴力的過激主義というものはイスラム教だけで言われることではない。例えばアフリカのウガンダには、反政府勢力として「神の抵抗軍（LRA）」と呼ばれるキリスト教過激主義組織が、ミャンマーには仏教過激主義グループ「969運動（969 Movement)」が存在するように、その実態は、"イスラムの暴力的過激主義化"ではなく、暴力的過激主義がイスラムに焦点を置いて見られるという"暴力的過激主義のイスラム化"である＊19。よって、イスラム過激派によるテロが多いことから、イスラム教の暴力的過激主義化などの風潮が国際社会に漂うようになったが、それは危険な動きで、返って宗教的な対立や不和を助長し、さらなる混乱に繋がることが懸念される。イスラムとテロの関連性については別途十分な研究と分析が実施される必要があるが、これ以上の一般ムスリムへの差別や人権侵害に繋がらないためにも、今後我々はさらに客観的な視点でこの問題を考えていく必要がある。

註

1 "Foreign Fighters: An Updated Assessment of the Flow of Foreign Fighters into Syria and Iraq", December 8, 2015, Soufan Group, p.4. <http://soufangroup.com/foreign-fighters/?catid=5>
2 『情報通信白書』平成26年度版 3〜4頁。
3 テロリズム研究の学問的意義は、複雑化する国際社会の脅威になっているテロリズムの実態について研究・分析を進め、論理的な見解を導き出し、またそれを削減、減少させるために必要な政策を提示し、政策を評価することである。また同研究は主にテロの脅威分析とテロ対策で構成され、脅威分析には安全保障研究と地域研究、宗教学や歴史学、情報学などを横断した学際的な研究アプ

ローチが、そしてテロ対策には政策学、危機管理学など実務的研究アプローチがそれぞれ重要となる。

4 日本国内でもホームグロウンテロやローンウルフ型といった言葉が度々使用されるが、例えば防衛大学校の宮坂教授は、ホームグロウンテロとは広義には「自分の生まれ育った国で起こすテロ」を意味するが、今日では「欧米各国で生まれ、もしくは幼少時からそこで育ったイスラム系移民の2世、3世がその国で起こすテロ」という意味に限定して使われることが多いとの見解を示している。<http://president.jp/articles/-/20271>（2017年7月14日アクセス）

5 例えば、CSISのRick Ozzie NelsonとThomas M. Sandersonは、2011年2月に公表した論文 "A Threat Transformed –Al Qaeda and Associated Movements in 2011" のp21〜23の中で、それについて深く言及している。

6 一般的に外国人戦闘員という言葉が使用されているが、シリアやイラクに入り込んでISなどに参加する者たち全員を外国人戦闘員という言葉で括っていいのかという疑問が残る。例えば、英国のテロ研究機関ICSRは、2013年12月と2015年10月にそれぞれ "Up to 11,000 foreign fighters in Syria; steep rise among Western Europeans"、"Victims, Perpetrators, Assets: The Narratives of Islamic State Defectors" という論文を発表した。それによると、シリアやイラクへ流れ込む者たちの動機も戦闘目的だけでなく、冒険心やボランティア精神など多岐にわたり、参加したもののISの残虐行為や腐敗に幻滅して離反した者も多くいるとされる。また女性や子供を含み家族全員で流れ込んだ例もあることから、"外国人戦闘員" の動向については各論的な分析をさらに進める必要がある。

7 Seth G.Jones, "The Future of Al Qa'ida", Rand Corporation, May 2011, pp.1-4.

8 Rick Ozzie Nelson and Thomas M. Sanderson, "A Threat Transformed –Al Qaeda and Associated Movements in 2011", Center for Strategic and International Studies (CSIS), February 2011, p.2.

9 Swati Sharma, "Map: the World according to the Islamic State", the Washington Post, May 29,2015. <http://www.washingtonpost.com/blogs/worldviews/wp/2015/05/29/map-the-worldaccording-to-the-islamic-state/?tid=HP_world?tid=HP_world>（2017年7月14日アクセス）

10 Lorenzo Vidino, "Radicalization, Linkage and Diversity – Current Trends in Terrorism in Europe", 2011, RAND Corporation, pp.12-13.

11 Ibid. p.18

12 『国際テロリズム要覧』Web版、公安調査庁。
<http://www.moj.go.jp/psia/ITH/organizations/ME_N-africa/AQAP.html>（2017年7月14日アクセス）

13 Peter R. Neumann, "Foreign fighter total in Syria/Iraq now exceeds 20,000; surpasses Afghanistan conflict in the 1980s", the International Center for the Study of Radicalization, January 26,2015 〈http://icsr.info/2015/01/foreign-fighter-total-syriairaq-now-exceeds-20000-surpasses-afghanistan-conflict-1980s/〉 （2017年7月19日アクセス）
14 Bruce Hoffman, "the Coming ISIS – al Qaeda Merger", Foreign Affairs, March 29, 2016, 〈https://www.foreignaffairs.com/articles/2016-03-29/coming-isis-al-qaeda-merger 〉 （2017年7月14日アクセス）
15 Seth G. Jones, "A Persistent Threat -the Evolution of al Qa'ida and other Salafi Jihadists-",Rand Corporation, 2014, pp.12-20.
16 Ibid.
17 和田大樹「イスラム国の台頭によるアルカイダの衰退の検証 -国際安全保障における脅威の観点から-」『防衛法研究』第39号、2015年10月、51～71頁。
18 "Tech giants team up to fight extremism following cries that they allow terrorism," the guardian, June 26,2017. 〈https://www.theguardian.com/technology/2017/jun/26/google-facebook-counter-terrorism-online-extremism〉 （2017年7月14日アクセス）
19 "Radicalization of Islam or Islamization of Radicalism", Yaroslav Trofimov, the Wall Street Journal, June 16, 2016. 〈https://www.wsj.com/articles/radicalization-of-islam-or-islamization-of-radicalism-1466069220〉 （2017年7月14日アクセス） また筆者も2017年6月22日に、政治プレス新聞社から「今日世界で問題となっているのは過激主義のイスラム化」と題する論考を発表した。以下はそのURLである。〈https://seijipress.jp/politics/117017-21/〉

技術進歩と軍用犬
対テロ戦争で進むローテクの見直し

本多 倫彬

はじめに

　本稿では、軍隊による使役動物、なかでも軍用犬*1の観点から、技術と戦争・平和を考える。その理由は、第1に、それが日本ではあまり焦点が集まらずに議論される機会も限られる一方、戦争の現場で実際には重要視されてきたという単純な事実のためである。第2に、それが、動物が本来的に持つ能力を人間の社会的ニーズに用立てるという、原始的とさえいえる古くからある方法への回帰という特徴をもつためである。すなわち、技術の高度化という発展方向を念頭に、それを所与に考える技術と戦争・平和の関係―『「技術」が変える戦争と平和』という本書の題名にも包含されている方向性―とは逆転した関係にあること、すなわち原始的な技術への回帰現象というユニークさをもつためである。

　以下、先端技術の導入とローテクである軍用動物の活躍という技術から見た対テロ戦争の2つの側面を検討する。つぎに、軍用動物という存在を概観し、その変遷の歴史的意味を示す。その上で、現代の軍用動物の復権について、技術の観点からその意味を考えたい。

1．技術からみた対テロ戦争

　21世紀のはじめの10年間を形作ったのは、アメリカ同時多発テロ（9.11）と、それにはじまる対テロ戦争だった。以後の10年間、戦争と平和という人類の永遠の課題の主戦場は、少なくとも先進諸国にとってはイラクとアフガニスタンだったと言ってよい。

　対テロ戦争の中での新技術といった際に、もっとも印象的で、また話題となったものの1つに、無人機の導入がある。無人機は偵察監視のみならず、搭載した対地ミサイルを使用して攻撃を行うことができるMQ-1や、

MQ-9リーパーが導入され、反政府勢のタリバンなどに対する攻撃を行った。実際、アフガニスタン派遣軍の縮小と撤退に取り組んだオバマ政権が代わって進めた対テロ作戦は、無人機によるテロリストの暗殺がその作戦の主軸だった。オバマ大統領が、「秘密戦争の司令官」*2と名付けられた所以である。

とりわけ無人機が話題にされた要因には、それらの機体が文字どおり無人であり、実施する米軍側には人的リスクが全くない上に、パイロット（操縦者）は米国本土に拠点を置く基地で、ディスプレイを見ながら発射を行っていることさえあるという事実がある。操縦にあたる米軍人にすれば、コンピューターゲームと同様の処理である。しかし、操作の結果として地球の裏側で実際にミサイルを撃ち込まれる人々がいるということ、また少なくない数の誤爆と民間人被害が発生することで、無人機には感情的な反発を含めて根強い批判がある。

また、「軍事における革命（RMA*3）」をもたらした映像通信技術の劇的な進化は、イラク・アフガニスタンといった米国から見れば地球の裏側に派遣した部隊の戦闘現場の模様を、リアルタイムで本国の政策決定者に届けられることを可能にした。戦場のリアリティを、そのまま記録・配信することを可能にした技術は、米軍兵士などが作戦行動中にヘルメットや小銃に装着したカメラで撮影した動画の拡散にもつながった。しばしば戦場の米兵本人によって、また彼らがSNSに個人的にあげた動画が別人によって転載される形で、youtubeなどの動画共有サイトで広まった。これらは軍事機密である作戦情報の漏えいとして問題になった。さらに、戦闘機や戦闘ヘリのガン・カメラやコックピット・カメラの映像、通信記録なども多数が漏えいし、多国籍軍による民間人虐殺の様相も世界中に配信された。

また、アルカイダが開始したSNSを使用した広報・宣伝活動は、高度な映像処理・編集技術を駆使してプロパガンダを広めたイスラム国によってさらに発展させられた。またイスラム国の兵士らが投稿する画像は、そのままテロリストの位置情報として米軍など多国籍軍側に把握され、攻撃が行われた。テロリスト側が頻繁にWEBを使用した情報発信を行うことから、ときにはSNSを通じて先進国の一般市民と紛争地のテロリストとが直接、対話を行うことまで可能となった。この間には日本でも、イスラ

ム国の人質とされた日本人の情報がSNS経由でテロリストに伝えられたり、逆にテロリスト側から日本人に対する警告や脅迫、リクルートがなされたりと、さながらテロリストと一般市民との交流の様相を呈するまでに至った。

　さらに案外に忘れられがちではあるが、日本の倍近い国土面積を持つ上に急峻な山岳地帯であるアフガニスタンのような場所で、広域に展開する部隊を支える兵站能力、また迅速な部隊派遣を可能とする輸送力などもまた、技術進歩の存在を抜きには語れない。

　このようにみてみると、対テロ戦争の中で、確かに様々な新技術の進展があった。それは、とくに戦争の現場を遠隔地と結びつけるという文脈で戦争の姿を大きく変え、個々の技術が、また総体としてのRMAが、注目を集めてきた。なんであれ技術の進展が、対テロ戦争の時代の非通常戦争の様態を変容させてきた、ということはいえるだろう*4。

　しかし本稿で問いたいのは、そうした技術の進展のもたらした変化、あるいは技術の進展でもたらされた様相についてではない。冒頭述べたように、そうした華々しい新しい技術の導入や、圧倒的な物量の供給を可能にした技術の進化にではなく、それらの陰で進んだローテクの極みともいえる「動物の能力を用いる」という現象の復活である。

2．軍用犬が活躍した対テロ戦争

　2011年5月2日、オバマ米国大統領は、9.11の首謀者であるオサマ・ビン・ラディンの殺害を発表した。広く報道されたとおり、ビン・ラディンは、潜伏先のパキスタン、アボダバードで米軍特殊部隊の急襲を受けて殺害された。対テロ戦争の時代の幕を開けた事件の主犯の殺害作戦にあたり、真っ先に現場に飛び込んだのは米海軍特殊部隊ネイビーシールズに所属する軍用犬カイロ（Cairo）だったことが広く報じられた*5。ビン・ラディン殺害までを描き出したハリウッド映画「ゼロ・ダーク・サーティ」のクライマックスでも、軍用犬の先導で行われる作戦の模様が描かれる。この作戦でのカイロの役割は、建物のクリアリング、爆弾とトラップをみつけだして隊員を守り、また隠し扉や隠し部屋を探しだすこと、また場合によっては近隣住民が近づくことを防ぐことなど、多岐にわたっている。またカイ

ロはのちにオバマ大統領に対する作戦説明にも同行していたことが報じられた*6。

　前述のとおり対テロ戦争の中で、圧倒的な技術力をもつ米軍は、通信傍受からドローンや精密爆撃まであらたな技術の可能とした兵器や作戦を多用し、またバンカーバスター（地中貫通爆弾）など破壊力を増した兵器を投入してきた。9.11の主犯、ビン・ラディンの排除は、さまざまな近代技術が惜しみなく投入された対テロ戦争の主要目標だったといってよい。その作戦に、古来から存在する軍用動物が加わったという事実は、それ自体がなかなかに興味深い。

　カイロに限らず、対テロ戦争の中では、軍用犬の活躍が多くみられた。とくに有名になったのが、米海兵隊所属の軍用犬レックス（Rex）である。イラク戦争に従軍中の2006年に、仕掛け爆弾による攻撃を受けてレックスとハンドラーのメーガン・リーベイ海兵隊伍長はともに負傷、リーベイは退役した。それから数年を経て、老齢になり安楽死処分されようとするレックスを退役したリーベイ元伍長が引き取るまでの経緯は、広く報じられて全米の共感を得るものとなった*7。一連のエピソードは、本稿執筆中の2017年に「Megan Leavey」としてハリウッドで映画化もされている。なお、レックスの活躍は、リーベイの前任者によって、書籍にもなっている*8。

　これらは、対テロ戦争の過程で軍用犬が大規模に運用されるようになったことの表れでもある。資料によるが、対テロ戦争の当初、国防総省は2,700頭以上を保有し、2016年時点でも2,300頭を運用している*9・10。米軍が軍用犬を大量に運用するのは、ベトナム戦争以来であり、軍用犬の活躍の場が増えるに従って、近年では軍用犬の顕彰制度や退役後の処遇に関する法律も整えられてきた*11。対テロ戦争で軍用犬の活躍と犠牲が注目されるのと併行して、引退した軍用犬が米国内での任務に就き、またハンドラーや民間に引き取られることも可能となった*12。ベトナム戦争時には、軍用犬を置き去りや安楽死処分したとされるが、それから半世紀を経て米国では軍用犬の運用体制の整備が進められ、その顕彰や引退後の処遇なども進められている。実際オーストラリアでは、2008年に軍用犬に対して史上初めて勲章が授与されたという*13。

3．戦争における動物の活用

　高度な技術が導入される一方で、一体なぜ、軍用犬というローテクの導入が進められたのか。ここではまず、戦争で動物を用いること、言い換えれば動物の能力を戦争という人類の営みに利用するということについて、技術の観点からその歴史的変遷を考えてみたい。

(1)軍用動物とはどういうものか

　指摘するまでもなく古来、人間は動物のもつ作業能力を用いて、人間の活動に用立ててきた。動物のもつ能力を活かした利用方法として代表的なのが、農耕にあたって牛馬に鋤を引かせることや、輸送力としてロバや馬などに荷車を引かせることなど、その力を利用するものだろう。「馬力」という言葉が現代でも一般的なように、こうした動物利用は広く行われてきたし、それらは現代でも発展途上国などでは一般的な光景である。

　動物を戦争に用立てるという文脈では、後にみるように、直接、戦闘に従事する存在としての軍用犬や、古代ローマと争ったカルタゴやペルシャ帝国などが用いた戦象が有名だろう。他にも、伝令任務にあたる伝令犬や伝書鳩なども良く知られている。また、騎兵と呼ばれるように、馬に乗って戦闘を行うことは現代まで広く行われてきたし、かつては戦車といえば馬が引くものであった。

　戦闘に備えて平常時から調練を行うこれらの軍用動物の他にも、たとえば源義家が家畜の牛を平家の軍に突入させる作戦で知られるように、一般の家畜を臨時に用いることも行われた。第二次世界大戦では、米軍は蝙蝠爆弾、すなわち蝙蝠に発火装置を付けて敵地に放す兵器を使用した。ソ連軍は、爆弾を身に着けさせた犬をドイツ軍の戦車に突入させる自爆前提の対戦車地雷犬を多用した。このように動物そのものを兵器とする俗に動物兵器と呼ばれる使い方もされてきた。しかし、何であれこれらの動物を現代の戦場でみることは稀である。少なくとも先進諸国で、兵士と並んで直接に戦闘に従事する動物や、あるいは武器や食糧弾薬などの物資を運ぶ動物を育成、保持していることはほとんどない*14。

(2) 軍用犬の概要

　歴史的に、軍用動物ないし動物兵器という存在は少なくなってきた。他方で現代になり、むしろ増強されてきたのが前述した軍用犬である。ここでは、戦争における、あるいは軍事作戦の中での軍用犬の役割とはどういうものなのか、簡単に整理しておきたい。

　使役動物としての犬の能力・特性とは、もちろん犬種によって差異は存在するものの、人間の数千から数10万倍と呼ばれる優れた嗅覚や、人間に従順で人間との遊びを喜ぶ性質である。軍用犬は、こうした能力・特性をベースに、軍隊の任務に役立てるべく訓練を施し、また必要に応じて装備を身に付けさせるものである。

　最もよく知られているのは警備犬だろう。一般的には前述のとおり、番犬の方が通り易い。また歩哨犬とも呼ばれることがある。日本でも海・空自衛隊が、基地や施設の警備に警備犬を導入している。その任務は読んで字のごとく、施設へ接近する不審者などを探知して警告を発し、また場合によっては侵入者に対して攻撃を行うものである。警備であれ歩哨であれ、こうした警備にあたる軍用犬の役割・能力とは、「夜間1キロ離れた地点に侵入者がいることを察知し、フェンスを飛び越え、川を渡って敵を捕らえ、味方の兵士が駆け付けるまで離さない」*15という表現に適切に説明される。

　実際のところ軍用犬のもつ警備能力については、「警備に一小隊に相当する兵士数を必要とする地域でも、少人数の軍用犬チームで警備することができる」*16ものとされる。小隊の人数を30名程度としても、1人と1匹のペア数組からなる軍用犬チームの警備能力の高さは特筆されよう*17。自らもハンドラーであったオールソップが、警備犬について能力・コスト両面から、現代でも代替手段が存在しないとする。軍用犬チームがForce Multiplier（戦力増強要員）とされる所以である。

　つぎに知られるのは斥候・追跡犬だろう。その優れた嗅覚を活かして敵を探し出し、また行方不明の味方の捜索なども行う。とくに嗅覚を活かす軍用犬としては、地雷や爆発物（火薬類など）探知犬もよく知られているだろう。前述のレックスもまた、海兵隊所属の地雷・爆発物探知犬だった。

　現代ではほとんどみられないが、銃器が発達する以前は、攻撃犬・戦闘犬部隊をもつ軍隊が存在した。主にマスチフ種およびその先祖とされる強

力・巨大で攻撃性の高い犬種を訓練し、敵軍に突撃させるものだった。現代では斥候任務にあたる軍用犬にとって、敵に遭遇した場合に味方の兵士が来るまで戦うことが任務の1つである。このため、軍用犬専用の防刃・防弾ボディ・アーマーなど、軍用犬の防護装備も開発・装備されている＊18。同様にほとんど無くなった存在に、両世界大戦で活躍した伝令犬や医療犬がある。伝令犬は、2人の兵士とユニットを組み、ボトルに入れられた命令書を首輪に括り付けてメッセージを伝達する任務を担った。また、通信網の確立や断線した通信線の復旧のために、電線を背負って移動する任務もあった。医療犬は、戦場を走り回って味方の負傷兵を探し、負傷兵のもとに応急手当キットを届け、また味方による迅速な救援を実現させるものだった。

既にみたように現代の戦争、とりわけ対テロ戦争の中で求められ、また実際に軍用犬が担った役割の多くは、頻発する自爆テロや仕掛け爆弾からの防護のための爆発物や地雷の探知である。また、それらの製造・保管拠点の探索、さらに歩哨所などでの検査（警備）任務だった。

（3）軍用動物と技術

簡単にみてきたように、人間の営為である戦争において動物のもつ性質や能力を活用することは、古代より行われてきたものである。変化する戦争の様態にあわせ、また最新の技術の導入にあわせて、その役割も変化してきた。それは、対処すべき脅威の変容に応じる形のものと、技術の進展の成果を軍用犬の能力で補強する形との2つの方向性であった。前者については、地雷という新しい兵器の探知任務や、戦車に対する自爆攻撃任務などが典型例である。後者については、電線を引く伝令犬などがあった。

言い換えれば、ときどきの最新技術に対応して軍用動物の運用もまた、変容してきたのである。同時に、技術の進展が軍用動物の能力を無力化したり、あるいは技術進歩により完全に動物の能力を代替することができるようになったとき、その軍用動物は歴史的役割を終えることになる。端的な例が、すでにみた輸送にあたる動物（駄馬）、伝書鳩、攻撃犬などである。すなわち、軍用動物と技術の歴史的関係を一言で表すならば、軍用動物の提供する能力を技術で置き換える形で進んできた、ということである。実際のところ、現代において駄馬による輸送を前提に兵站を計画する軍隊

は、少なくとも先進国には存在しない。1800年代に進められた導入期から、完全な置き換えに至るまでには2世紀近い時間はかかったものの、内燃機関の誕生は、20世紀半ばに至るまで一般的だった戦争時の輸送任務から軍用動物を解き放ったと言える。

同様に、騎馬隊というかつての軍隊では花形だった職種は、機甲部隊および戦闘ヘリ部隊によって完全に置き換えられている。今や騎兵隊は、伝統的に部隊の名に残されることはあっても、儀式的な用途での騎馬隊の編成を除き、少なくとも戦闘部隊として編成されることはない。古代には兵士らと共に最前線を担った攻撃犬部隊は、銃器の発達によりもはや用をなさなくなって久しい。伝令任務に用いられてきた伝令犬や伝書鳩などは、無線・電信技術の進歩によりもはや不要となった。

それでもなお、軍用犬は残され、また前節でみたようにむしろその活躍の機会を増してきた。もとより本国の基地警備など、警察犬と同様の任務にあたる軍用犬も多く存在するが、それは1節でみたように対テロ戦争と表裏一体のものとして最前線で進められたものである。言い換えるならば、対テロ戦争の最前線で、犬の能力を必要とする状況が生起したということを表している。

4．現代と使役犬

(1)軍用犬導入の再考

それでは、動物のもつ能力を用いて軍事作戦を遂行するという一種の回帰現象をどのように解釈するべきなのか。そもそも一体なぜ軍用犬が求められたのだろうか。軍隊が高度に技術化される中、なぜ原始的な手法が復活してきたのだろうか。

それは何よりも、敵対する相手が原始的だったためである。自爆テロや路肩仕掛け爆弾などの防御が困難な攻撃を加えてくる相手に対し、米軍が導き出した解答の1つが、仮に撃墜されても人的被害のない無人機の積極的な導入だった。もちろん人が乗らないことによる作戦実行時間の長さなどは大きなプラス要因ではある。実際、米軍は無人機によって多くの反米・反政府勢力の幹部を殺害し、また人的被害なく敵対勢力の行動の著しい制約に成功した。しかしビン・ラディン殺害作戦にあったように、対象の

死を確実なものとするためは、あるいは対象の死を確実に確認するために
は、地上部隊が必要であって、そうした任務は原始的ないし地道なものだ
った。破綻国家や内戦状況の中で、いわゆる非通常戦に臨むとき、言い換
えれば敵対者が正規軍ではない状況下の戦争を遂行するとき、非近代的で
原始的な相手に向き合うために原始的手段が必要とされた。その一環で原
始的な手段である軍用犬が復権した、ということになる。

　それは同時に、軍用犬が動物であり、命が軽いという事実によっても補
強される。対テロ戦争の中で無人機、なかでも無人攻撃機の導入を推進し
た強力なロジックが、自軍の人的被害を減らすことだったことは疑いない。
死傷の可能性が高い危険な地上での任務にあたり、軍用犬が先導する部隊
が出れば、仮に待ち伏せや罠にかかった場合でも、最悪、先頭に立った軍
用犬と少数の兵士で済む。それは指揮官からすれば魅力的なものである。
軍用犬を軽く見ているということではないが、兵士か軍用犬かという命の
値踏みの判断が存在することもまた、軍用犬の導入が進んだ要因の1つで
ある。

　実際、対テロ戦争の時代にその増強が進んだことで知られる特殊部隊は、
軍用犬を積極的に導入している＊19。特殊部隊の軍用犬は、アクティブ・
カメラを身に着けて真っ先に敵の本拠地に潜入し、その映像に後ろで待機
する兵士たち、また本国の司令部にリアルタイムで配信することもできる。
そうした任務にあたる軍用犬は、前述の防刃・防弾ベストを身に着け、兵
士と共に高高度からの潜入降下を行うとされる＊20。本質的には回帰現象
であっても、最先端の技術をまとった運用がなされている、ということを
意味している。

（2）使役犬の導入と技術の再考

　「アフガニスタンでは、あらゆる検問所に爆発物や火器を探知する軍用
犬が配備されている＊21」とされるように、イラクやアフガニスタンとい
ったテロとの戦いの最前線では、IEDや地雷探知、検問所における銃器・
爆発部探索、危険地域での歩哨や火薬庫・武器庫の捜索、兵士のケアなど
多様な役割を軍用犬が担ってきた。冒頭に見たように、動物のもつ能力を
人間の用に立てるという、古代から続けられてきたローテクである軍用犬
は、ますますその役割、重要性を拡大し、運用体制の整備がなされてきた。

本章では主に軍用犬に焦点を当てたが、対テロ戦争の過程では、ほかにもさまざまな動物の能力が活用された。たとえばイラク戦争の初期には、軍用イルカがペルシャ湾に投入された*22。彼らの任務は、機雷の探索だった。米海軍は、サンディエゴ基地で、イルカ、アシカを機雷探索・除去、あるいは（海中）警備任務のために訓練、保有している*23。

　爆発物によるテロ行為を企図するものなど、なんであれ非近代的で、少なくとも一定の合意されたルールのもとで戦闘を行う軍隊ではないテロリストと戦う側は、古典的手段からの防衛の必要性に直面する。それが歴史的に近代技術で置き換わっていれば、それによる対処が進むことになる。特殊部隊という通常の正規部隊とは異なり、兵士一人ひとりが高度に訓練され、自ら判断して作戦を遂行する部隊が活躍するような戦場は、兵士一人一人の力に依存する面が大きいという点で、原始的な戦場でもある。特殊部隊とは要するに、原始的な戦場では原始的手段が有効であり、求められるがゆえに注目される存在である。軍用犬の導入もまた、特殊部隊と同じ論理に基づく必要性によるものであり、爆発物テロなど、通常戦とは異なる原始的方法を用いる敵と対峙する部隊では、原始的な手法である動物の運用による対抗措置が求められたのである。最新の時代においても、最新ではない戦争状況の中では、却って古典的な方法が求められる、と言えよう。

　もちろん最新装備を身に着ける特殊部隊を見ればわかるように、それは単なる原点回帰ではない。最新技術の恩恵を受けて、装備や機材の発展がなされ、それによって生物として本来的に持つ能力を最大限、引き出すことを可能にしているのである。軍用動物の利用がなくなるとすれば、それは本章でみてきたように技術によって完全な代替がなされるときであろう。

おわりに

　本稿は、現代戦の中での軍用動物の活用を積極的に主張するものではない。むしろ動物を戦争の中で危険にさらすことは、動物愛護という言葉を持ちださずとも、可能であれば避けたいと思うのが心情である。他方で、兵士の命と軍用犬の命と、天秤に掛けるとすればどちらを選ぶのか、と言われた時、その解答は難しい。おそらく最前線にたつ指揮官であれば、人

間の命を優先するだろうし、それはまた一般的に正しい判断と言えよう。それは、一見すると軍用犬に比して危険の少ない災害救助犬の運用哲学も同様である。災害救助犬には、もとより犬の優れた嗅覚を用いて行方不明者や遭難者、被災者を探し出すという目的がある。他方、二次災害時に犬の命で済むという命の値踏みが存在する*24。それはハンドラーが犬の生命を軽んじていることを意味するものではない。しかし、同時に、危険な場所で動物を人間の営為に用立てるという使役動物の根幹には、こうした考え方が存在し、また現在のところ、その能力を超える技術は実際問題として生み出されていないのである。

　対テロ戦争の時代は終わり、現代はポスト・対テロ戦争の時代に移行しつつある。他方、中東・北アフリカを中心に対テロ戦争の後始末は始まったばかりであり、近い将来、平和活動と呼ばれる紛争地の立て直しの取り組みが減る見込みはない。こうした中、軍用動物の利用が無くなる可能性も非常に薄い。したがって好むと好まざるとにかかわらず、ローテクたる軍用犬は使われ続けることになる。そのことはまた、ハイテクの陰で進むローテクに注目をしなければ、現代の、またこれからの戦争の実相を見誤ることになることを示唆している。

註
1　Military Working Dog: MWD
2　菅原出『秘密戦争の司令官オバマ―CIAと特殊部隊の隠された戦争』（並木書房、2013年）。
3　Revolution in Military Affairs
4　非通常戦とは、正規の国軍以外が一方の主体である戦闘である。たとえば民兵集団や軍閥が一方にある戦闘を意味する。
5　周辺の監視にあたったという説もあり、具体的な役割は不明である。カイロは多目的軍用犬だったとされ、突入・監視、爆発物探索などいずれの任務でも対応可能ではある。
6　Nicholas Schmidle, "Getting Bin Laden – What happened that night in Abbottabad," The New Yorker, August 8, 2011, http://www.newyorker.com/magazine/2011/08/08/getting-bin-laden#ixzz1UMp907aC
7　Luis Martinez, "Sgt. Rex and Ex-Marine Handler to Be Reunited," ABC News, March 19, 2012.

8 マイク・ダウリング／加藤喬翻訳『レックス―戦場をかける犬』(並木書房、2013年)。

9 対テロ戦争の当初、国防総省は2,700頭以上の軍用犬を運用していたという。たとえば以下。マリア・グッダヴェイジ／櫻井英里子訳『戦場に行く犬：アメリカの軍用犬とハンドラーの絆』(晶文社、2017年)、21頁。

10 Donna Miles, "Military Working Dogs Protect Forces, Bases During Terror War," American Forces Press Service, September 8, 2016, http://archive.defense.gov/news/newsarticle.aspx?id=25393

11 ナイジェル オールソップ／河野肇訳「軍用犬のメモリアル（第7章）」『世界の軍用犬の物語』エクスナレッジ、2013年。

12 2000年に、現役を引退した軍用犬を民間の一般家庭で引き取ることを可能にした法律 "Military working dogs: transfer and adoption at end of useful working life"(H.R.5314)が可決した。同法は、きっかけとなった軍用犬の名前をとってロビー法と呼ばれる。

13 非公式な勲章授与は、第一次世界大戦でもみられた。

14 象徴的な意味での動物飼育は多い。たとえば儀仗騎兵の馬やマスコット犬などがある。

15 オールソップ『世界の軍用犬の物語』、32頁。

16 同上、33頁。

17 小隊の人数編成は国や兵種によってケース・バイ・ケースだが、一般に20名以上50名以下程度である。

18 "Stanfford Country Sheriff's Received K9 Body Armor," Working Magazine, July 20, 2017. https://workingdogmagazine.com/stanford-country-sheriffs-received-k9-body-armor/

19 Mike Ritland, *Team Dog: How to Train Your Dog…the Navy SEAL Way*, G. P. Putnam's Sons, January 29, 2015.

20 マイケル・パタニティ「戦場で兵士を守る犬たち」『ナショナル・ジオグラフィック』日経ナショナルジオグラフィック社、2014年6月号、36～59頁; Lisa Rogak, *Dogs Who Serve: Incredible Stories of Our Canine Military Heroes*, Thomas Dunne Books, 2016.

21 オールソップ『世界の軍用犬の物語』、17頁。

22 Pierre Bienaimé, "The US Navy's combat dolphins are serious military assets," Military & Defense, March. 12, 2015; David Gotfredson, "Navy dolphin euthanized at San Diego SPAWAR facility," *Navy Times*, April 12, 2017.

23 US Navy Marine Mammal Program website: https://web.archive.org/web/2015050

5022451/http://www.public.navy.mil/spawar/Pacific/71500/Pages/default.aspx
24　村瀬英博氏へのインタビュー（2013年6月5日）。

第5部

技術革新は何を変えたか

技術が変えた戦争環境

中島　浩貴

はじめに　技術によるエスカレーションと拡大

　19世紀から現代にわたる時期の戦争と平和の問題を検討してみるとき、技術革新が及ぼした影響を無視することはできない*1。今現在、私たちが戦争、そして平和の問題を考える際に、この200年ほどに急激に変化した科学技術の積極的な動員が重要な意味を持った。戦場の情景を思い浮かべるだけでも、19世紀初頭のナポレオン戦争と20世紀の第二次世界大戦が完全に変化したことに異論を唱えるものはほとんどいないだろう。陸上では内燃機関によって駆動する様々な車両が大きな役割を占め、膨大かつ量の銃砲弾を遠距離に投射可能な武器が普及した。さらに通常兵器、核兵器などの兵器の物理的な破壊能力は著しく増大した。戦闘空間も陸海空の三次元を超えて、宇宙、仮想空間にすら拡大するようになってきている。この二世紀は人類の歴史の上でも他に類を見ない戦争状況の転換が起こった時代であり、技術発展が切り開いた道であった。

　ただし、技術的な進歩が常に歴史的に戦争に変化をもたらしてきたかというと必ずしもそうではない。技術的な進歩がかくも劇的に生じたのは、同時代の科学技術と産業の全体的な発展が大きかった。19世紀中盤以降、特にこの科学技術が進歩発展した大きな理由として挙げられるのが、企業、軍隊、国家が新しい科学技術に対する投資を惜しまず、これが現実社会を変化させたことと関連している*2。二つの世界大戦は、その戦争自体が科学の画期的な発展を成し遂げたのではなく、すでに科学によって事前に準備されていたものを戦争によって現実化していった状況であった。原爆開発のような革命的な兵器こそ、物理学の研究が最大の前提をなしたのである*3。

　19世紀以降の戦争と技術の問題を考えるとき、戦争の規模が拡大していった状況が重要となる。戦争に内在する本質的なエスカレーションについ

ては、プロイセンの軍事思想家カール・フォン・クラウゼヴィッツが指摘している*4。クラウゼヴィッツは技術に対しほとんど関心を持っていなかったにもかかわらず、兵器技術の発展がもたらす破壊力及び規模の際限なき拡大は、まさにクラウゼヴィッツの指摘した戦争の本質の認識そのものであった。「戦争とは暴力行為のことであって、その暴力の行使には限度のあろうはずがない。一方が、暴力を行使すれば他方も暴力でもって抵抗せざるを得ず、かくて両者の間に生ずる相互作用は概念上どうしても無制限なものにならざるを得ない、と」*5。このような特質が無制限にエスカレートしていくという戦争の本質的特徴は、急激な技術的拡大のなかでも変わらなかった。しかし技術によって戦争が変化したとするのであれば、それはまさに戦争の環境を変化させたといえる。19世紀にはせいぜい陸と海という二次元が対象であった戦争は、たった一世紀の間に空ばかりか、現実の空間を越えた通信という手段をもまたその範囲のなかに扱うことになった。戦争の性質の変化は、技術面にのみ焦点を当てる狭義のRMA（革命的軍事改革／軍事革命）にとどまらず、根本的な地殻変動であったととらえることも可能だろう*6。

　軍事や戦争の問題が語られる際に、兵器や軍事システムに直結する問題が扱われる問題が好まれる一方で、戦争に付随する領域のエスカレーションが軽視される傾向がある。それは、破壊力、暴力といった戦争の本質的なところから、付随する全体領域の拡大、つまり速度と空間、ネットワーク、社会との関連性、学術研究との兼ね合い、対象範囲そのものの拡大とかかわっている。その規模が根本的に変化していく状況は、近代以降の戦争の特質が国民化、大衆化、メディア、宣伝、動員にまで結び付いていくのである。

　対象規模の拡大は、研究においても戦争や技術をめぐる問題が複合化、学際化していく状況と結び付いている。戦争と技術に関わるあらゆる領域が研究対象となりつつあるといえるかもしれない。たとえばペールマンの研究『戦車と戦争の機械化　1890年から1945年までのドイツ史』では、記号化、人工物の軍事史として戦車を学術的に理解しようとしており、軍事の機械化を学際的な研究対象としてとらえている*7。また、日本でも兵器を経済史、産業形成の立場から分析する共同研究が進んでおり、戦争を巡る技術の問題がマニアにのみゆだねられていた時代は過ぎ去りつつあ

る*8。技術と戦争の複合性が前提となってきており、研究領域の際限なき「拡大」が進行している。実はこの「拡大」こそが戦争と技術の問題の本質を形成しているのである。領域を問わない「拡大」、さまざまなエスカレーションを見ていく必要がある。

1．破壊力のエスカレーション

　フランス革命からナポレオン戦争にかけて、陸上の戦闘でまず生じた根本的変化は軍隊の規模の拡大であった。国民全体が動員され、戦争に投入される兵力が飛躍的に増大したのが、19世紀の特徴である。第一次世界大戦以前には、イギリスを除くほとんどの列強諸国が徴兵制を導入していた。徴兵制、厳密にいえば兵役義務がグローバルに拡大していった状況と並行して、19世紀の間に火器の技術的な性能向上が戦争の勝敗に大きな影響があるという考え方が広がっていた。普墺戦争、普仏戦争で後装式のドライゼ銃やさらに性能の優れていたシャスポー銃、そしてミトライユーズ機関砲、クルップ製の鋼鉄砲が注目されたのは、まさにこの一例である*9。火器の発射速度、射程が戦争の勝敗を決定する要因として語られ始めるのもこの時期である。この後も火器の性能は向上していったが、射程距離だけでなく、投射量の増大、破壊力（爆発力、貫徹力）にまで及んだ。
　海上においても、内燃機関の発展が海軍にもたらした影響は大きかった。船体の規模、航続距離、戦略戦術的機動性が柔軟性をもったことにより、自然エネルギーで駆動する軍艦はほぼ駆逐された。また、対艦戦闘も多様化し、火砲、衝角、水雷と技術的状況の変化がすぐに海軍艦艇のデザインや戦術に反映されることになった*10。このような変化の象徴的艦種がドレッドノート級戦艦であろう。本艦は主砲の砲門数、装甲、速度などにおいて最新の技術が導入され、旧来の艦種を一挙に陳腐化させたことはよく知られている*11。
　陸上でも、旧来の軍種が用いていた火器、小銃、大砲に加えて、機関銃*12（ないし機関砲）が導入されたが、個別の火器の射程、発射速度などの技術的な発展はすでに第一次世界大戦ごろには限度が見えていた。しかし、軍が戦闘で使う総体としての破壊力の拡大傾向は一層拍車がかかった。軍全体でみると「大衆化、大量生産（マスプロダクト）」が供給することに

より、旧来の軍事産業とは次元の違った物量の生産と戦争の機械化が進んだ*13。第一次世界大戦の消耗戦は、個別の兵器の性能が戦局を左右するのではなく、戦場に「破壊力」を継続的にどれだけ供給し続けられるのかが「総力戦」を形成することになったのである。しかしながら、破壊力の総体としての爆発的な増大は戦争の本来の目的である勝利を達成することはなかった。国家、軍全体の破壊力を増大させるだけでは、相手に対する優位を獲得することは困難であった。

　技術は兵器の破壊力の増大傾向に決定的な役割を果たした。新しい兵器を戦場に生み出したのも技術であった。化学、生物学、物理学という当時最先端の科学技術が積極的に導入された成果が、毒ガス、生物兵器、核兵器であった。多くの科学者が戦争に有益な破壊力のある兵器の開発にしのぎを削ったのである。塩素ガスを中心とした化学兵器は第一次世界大戦で用いられ、その後国際法によって化学兵器は戦場での使用が禁じられたが、その当初の開発意図と離れて民間人に対して用いられた。同様に、生物兵器や核兵器も民間人に対して用いられる傾向があった。現在総称して語られるように「大量破壊兵器」という呼称はこれらの兵器の特質を的確に表現しているばかりでなく、兵器が技術のエスカレーションによってたどり着く一つの末路を示している。

　破壊力の全面的なエスカレーションは原子爆弾や水素爆弾の完成によって極限に達したといってもよいであろう。これ以降、少なくとも純粋に破壊力のみを極限に導くような技術開発は一段落したといえる。これは、技術的にそれが不可能になったからというよりも、技術によってもたらされた破壊力をどのようにコントロールしていくのかという問題が重要となったためである。すでにNBC兵器の登場によって破壊力をむやみに増大させていくことはこれ以上必要なものではなくなったといえるかもしれない。しかしながら、技術によってもたらされたエスカレーションは、単に物理的な破壊力の増大にとどまるものではなかった。エスカレーションは破壊力の増大から移り、速度、空間、くわえて有機的なつながりにも作用していくことになる。

2．速度と空間、有機的結合のエスカレーション
　　──柔軟性、流動性、社会性、政治との関連性、システムの転換

　兵器の性能面での改善は、戦車、飛行機、航空母艦といった新兵器において進行する傾向があった。第一次世界大戦中、そして戦間期の軍縮ムードが終わった1930年代以降には活発な開発競争が進められた。このような兵器は当初、火力よりも機動力と戦術的運用の柔軟性を重視しており、単純な破壊力を誇示する旧来の兵器とは全く違った様相を呈していた。こうした兵器は単体としてよりも組織的に、有機的な結合体として運用されることが前提となっており、その個別の兵器の持つ速度、空間移動能力、諸兵科連合運用に力点が置かれていた＊14。第一次世界大戦で主流となった陣地戦とは全く異なった戦争形態の追求が技術的進歩によって準備されることになる。

　第二次世界大戦のなかで、これらの兵器も次第に破壊力のエスカレーション、つまり個別の兵器の重厚長大化が進行していった。戦車は世界大戦中に特にその傾向が明確であったし、戦闘機においても大型化と武装の強化が進んだ。航空母艦も搭載航空機の数の増大と排水量の拡大が進行した。すでに、1900年代のドレッドノート級戦艦のころに性能競争は明らかになっていたが、これが1930年以降には戦闘機、戦車に代表される花形兵器の性能競争全体に拡大していくことになった。モデルチェンジの進行は、並行して旧来の既に生産された兵器の陳腐化を招くことになる。他国に自国の兵器よりも優れた兵器が配備されたり、または自国の軍にさらに新しい兵器が配備されるようになると、それまで称賛されていた兵器は自動的に陳腐な存在にならざるを得なかった。兵器が戦闘で使われなくとも、消費される対象となっていくのである。第二次世界大戦は戦闘の激化に伴ってモデルチェンジの動きもまた促進された戦争である。兵器は独創的かつ高度な工業製品の集積物となった。装甲板、火器にとどまらず、エンジン、光学照準器、細部にわたるまで導入された技術の集積が兵器の性能を左右した。装備に求められるものが大きくなるほど、科学技術、産業全体の生産力、道路などの社会インフラ、はては操縦者、整備担当者の教育に至るまで、国家と軍が利用できるすべてが試された。これも、単体の兵器の性能が社会全体の戦争能力と密接に結びついていた状況を示しているのであ

199

る。1939年当時時速500キロメートル台の速度が出れば高速とみなされた戦闘機は、1945年には時速700～900キロメートルの速度が出るものも登場しており、機体に施されるエンジン、武装、装甲も圧倒的に強力なものとなっていた。戦車においても全く同じことがいえる。1939年には20トン台で、直径37～75ミリの大砲を積み、最大装甲圧が30～80ミリであった戦車は、1945年には30～70トン、直径75～128ミリの大砲を積み、最大装甲圧は80～250ミリにまで達した。

　当然、このような戦争へのすべての動員は、軍事費の飛躍的増大を招くことになった。軍事予算審議はいずれの国でも議会審議の対象であったが、求められる軍事費の「予算重点」が変化していくことにもなる*15。新しい兵器の開発や調達にかかるコストは兵員の募集におとらず、重要なものとなった。とくに、戦争の前の社会においては、このような軍事支出の増大は、租税による歳入の増加と関連し、議会での承認を必要としていたため、多くの国で軍事予算をめぐる審議はしばしば紛糾を招くことになった。このような状況は第一次世界大戦前のイギリス、フランス、ドイツでの陸海軍の軍備予算審議や、ドイツ・ワイマール共和国末期の「装甲艦」建造問題、日本の宇垣軍縮での対立関係などで、幅広くみられる。軍の近代化と予算のバランスをどのように処理するのかは重要なテーマであった。1909年に出版されたゾンバルトの『戦争と資本主義』*16は近世から近代の事例を対象としていたにもかかわらず、その視点自体は同時代の軍需産業の産業化が社会に与えた状況に裏打ちされていたともいえる。

　ポール・ヴィリリオは戦争に関する問題のなかで速度と空間に特に注目したが、これは極めて重要な観点である*17。技術が変えた世界のなかで最も日常生活を変えた領域もこの速度と空間への認識であった。内燃機関によってもたらされた輸送手段の機械化は、破壊力の増大と同様にまず陸地で進行したが、鉄道、自動車をはじめとした輸送手段の発達は量、速度、領域を飛躍的に拡大する力を与えた。人間や馬、あるいは帆走する船舶が進む速度が軍事行動の限界であった19世紀初頭から、空を砲弾の速さとさして変わらぬ速度で移動できる航空機、そして大陸間弾道ミサイルが戦場に投入されるまで、およそ100年しかかからなかった。興味深いのは、これほどの激変があったにもかかわらず、陸と海という旧来の戦場が戦争の基本的な見方を占め続け、これに追加される形で行われていることである。

これは、技術によってもたらされた領域の拡大に人間の認識が対応する状況を示している。急激な変化のなかでも、戦場はある程度「常識的に」人間が認識できる範囲の延長にとどまらざるを得ない。そして、このような別の次元の戦争においてさえ、戦いの図式は基本的に敵と味方という形をとることになるし、相手をどのように打倒するのかという問題が主軸となる。ここに、技術的な基本条件の根本的な変化にもかかわらず、クラウゼヴィッツが提示した戦争の本質がはっきりと見られる。航空機の戦いはあたかも一騎打ちのごとき様相をかなり早い時期から呈していた。第一次世界大戦における撃墜王が、騎士道の権化として表現されたのはまさにその一例である。有視界外からミサイルによって攻撃が行われる現代の航空戦においてさえ、戦闘機が一騎打ちのごとく戦うイメージが尊重される状況はいまでも継続している。

　技術が「空間」に適応したという意味では、航空機の登場以前にすでに人間の日常レベルの知覚範囲を超えたコミュニケーションをとる行為が求められていた。これは情報通信技術の利用とつながってくる。ここにもエスカレーションがはっきりとみられる。有線の電信の利用はすぐに無線となり、また一元的な一対一の情報のやり取りは複合化・多元化が進行した。加えて情報の秘匿性という観点から、第三者を遮断する暗号化も並行して進み、この暗号化をどのように打破するのかという技術開発も重要性を増していった。近年では、民間においても要求されているセキュリティ能力の根源はすでにこうした中に存在していた。コンピューター技術の発展は、個別の情報をやり取りするなかでネットワークを有機的に構築していくことになる。次元の異なる空間を戦争に応用するという技術は、電機的技術の戦争への導入によって徹底され、特にレーダー、ソナー、VT信管などで不可視的領域を戦争に有益なものとすることがいかに重要であるかという例証となっている*18。

3．規模のエスカレーション
——大衆化、メディア、宣伝による全体的な動員

　技術によってもたらされた戦争の規模の拡大は、市民社会を戦争に動員していくなかにもはっきりと見いだせる。近代の戦争の本質が、規模の際

限なきエスカレーションというところに基づくのであれば、戦争そのものに一般民衆をどのように統合していくのかという問題もまた徴兵制のようなシステムとは違った意味で重要となる。戦争とメディアの関係は19世紀に入ると各国の識字率の飛躍的な向上、新聞、雑誌メディアの総合的な発達によって規模を拡大し、社会への影響力も飛躍的に増大していった。とりわけ、徴兵制の導入によって戦争が国民、国家と密接な結びつきを強めていくことになると、民衆の末端にまで戦争の影響力は及ぶことになり、それに応じてメディアの必要性も増していくことになる*19。

　さらに、国家や軍当局においてもメディアによる情報のコントロールの必要性はかなり早い時期から理解されており、戦時中の報道は戦争に協力的な姿勢、公的な管理がうかがわれるものや、または日常的な報道が中心となっていく傾向があった。メディアに関しても、技術の最も先端的な事例が用いられているだけでなく、それがさまざまなやり方で工夫され、効果を高めていったことは重要である。大量印刷技術、映画、ラジオ、テレビといった新旧の技術が戦争報道・宣伝に動員され、前線と銃後の結びつき、戦意高揚に貢献した*20。いずれも銃後の国民の「精神面」での動員を徹底する意味で大きな意味を持ったが、それは上からのコントロールはもちろんのこと、時代状況に応じて求められる情報への消費欲求と結びついていた。需要に応じた消費を喚起することがメディアには求められ、新しい技術は大量の情報を供給した。そして、この情報供給こそが、戦争を支える国民大衆をまとめていくうえできわめて重要な影響力を持ったのである。「総力戦」*21が声高に叫ばれる時代において、メディア技術が重視されていた状況は、まさにこうした戦争の本質の変化と結びついている。総力戦では、戦場に直接供給される兵力、兵器だけではなく、銃後も徹底的に協力させることが求められた。このような状況では技術は単に規模のエスカレーションへの促進要因を果たしただけであったといえるかもしれない。

おわりに　エスカレーションとコントロール

　ところで、技術は平和を追求したり、平和を構築したりするうえで本質的な役割を果たすことはできなかったのであろうか。とりわけ、戦争を拡

大する方向でエスカレートしていく技術の働きに対して、技術は平和に貢献することはなかったのだろうか。この問いに関して言えることは、新しい技術的発見が戦争のエスカレーションそのものをコントロールしたり、抑制したりすることはなかったことである。つまり、技術発展が既存の戦争を超える問題提起を成し、平和を作り出したり、発展させることはなかった。では、エスカレートしていく戦争に対して、平和はどのように作り上げられる機会があったのだろうか。ここで重要になってくる際に、クラウゼヴィッツは参考になる。「外部要因」、つまり政治が戦争に制約を加えることの重要性が意味を持ってくる。まさに、戦争でも、技術でもない、政治によるコントロールがこの無制限のエスカレーションを制御する働きを果たすのである。この最初の例は1899年の第一回万国平和会議（ハーグ平和会議）である*22。兵器技術の発展に初めて国際法による制限がなされた。この時、ダムダム弾はその人間への残虐性ゆえに禁止された。ハーグ平和会議は、現実的な武器の制約が法的に主張された例として意義深いものであるといえよう。

　また、第一次世界大戦以降には軍備制限はさらなる拡大を見せた。第一次世界大戦で決戦兵器とみなされた戦艦などの海軍艦艇はワシントン条約で保有制限が課せられたし、使用された毒ガスや生物兵器は禁止された。この制限自体は政治によって決められたものであり、毒ガスや生物兵器の使用禁止は各国の戦争遂行において一定の拘束力があった。現実な戦略環境にもこの軍備制限は効果があった。つまり海軍艦艇の保有制限はたとえ条約を破棄し海軍艦艇の建造を行ったからといって、戦力として整えられるまでにはかなりの時間がかかり、急速な軍備拡張によって埋め合わせることはできなかった。枢軸国が結局のところ連合国の海軍力に対して終始劣勢であった状況は基本的に変化しなかったのである。このように、政治による軍備コントロールは一定の意味があったといえよう。もちろん抜け道を見出そうとする動きもあった。海軍力を制約された国々が、代替措置として航空機やそのほかの周辺的な新技術の導入を進めたことは一例である。しかし、国際法上のコントロールが一定の成果を有し、エスカレーションを制約する可能性を持っている点は否定できない*23。技術は無制限のエスカレーションをまねく一方、そのコントロールには「政治」あるいは「人間」の関与が必要となるという理解である*24。クラウゼヴィッツ

の指摘は技術と戦争の歴史を考慮するなかでも、いまだに示唆を与えてくれるといえるかもしれない。

註
1 戦争と技術の問題は古典的なテーマであり、技術史の領域でも取り上げられてきた。一例として、星野芳郎『戦争と技術』（雄渾社、1968年）。以下を参照。近年の記述としては、加藤朗『兵器の歴史』（芙蓉書房出版、2008年）；石津朋之、永末聡、塚本勝也編『戦略原論　戦争と平和のグランド・ストラテジー』（日本経済新聞出版社、2010年）を参照。とりわけ加藤の研究は総合的な性格を強くもち極めて重要である。また、戦争の多角的な把握としては、市田良彦・丹生谷貴志・上野俊哉・田崎英明・藤井雅実『戦争　思想・歴史・想像力』（新曜社、1989年）が示唆的である。また、歴史学のなかでの戦争と技術のとらえ方については、トーマス・キューネ、ベンヤミン・ツィーマン、中島浩貴・今井宏昌・柳原伸洋・小堤盾・大井知範・新谷卓・齋藤正樹・斉藤恵太・鈴木健雄訳『軍事史とは何か』（原書房、2017年）262〜290頁を参照。
2 近代以降のドイツの科学技術と国家の関連性については、ゲルハルト・A・リッター、浅見聡訳『巨大科学と国家　ドイツの場合』（三元社、1998年）が示唆に富む。
3 核兵器開発の問題に関しては、すでに膨大な記述がなされているが、その研究の多くは第二次世界大戦の戦争経験と科学によってもたらされた核兵器の破壊力をどのように制御していくのかという問題と結びつかざるをえなかった。たとえば、フリーマン・ダイソン、大塚益比古ほか訳『核兵器と人間』（みすず書房、1986年）。
4 カール・フォン・クラウゼヴィッツ、清水多吉訳『戦争論』（中央公論新社、上下巻、2001年）。
5 クラウゼヴィッツ『戦争論』上、38頁。
6 RMAを狭い意味での軍事技術上の核心に限定しない研究として、マクレガー・ノックス、ウィリアムソン・マーレー、今村伸哉訳『軍事革命とRMAの戦略史——軍事革命の史的変遷 1300-2050年』（芙蓉書房出版、2005年）を参照。竹村厚士「「狭義の軍事史」から「広義の軍事史」へ——RMAからみたフランス革命〜ナポレオン戦争」（阪口修平・丸畠宏太編『軍隊』ミネルヴァ書房、2009年、187〜204頁）。これらの研究は「軍事革命」ないし「革命的軍事改革」を明確に区別し、RMAを軍事技術のみに帰する観点に再考を促している。
7 Markus Pöhlmann, Der Panzer und die Mechanisierung des Krieges. Eine deutsche Geschichte 1890 bis 1945, Paderborn 2016.

8 近年の軍事技術の歴史学的研究として、以下が優れている。前田充洋「ヴィルヘルム二世治世下ドイツにおける海軍とクルップ社の関係　装甲板価格の設定交渉過程の分析から」『西洋史学』第248号, 2012年、227〜244頁；横井勝彦、小野塚知二編『軍拡と武器移転の世界史』（日本経済評論社、2012年）；横井勝彦編『航空機産業と航空戦力の世界的転回』（日本経済評論社、2016年）。
9 三宅正樹、石津朋之、新谷卓、中島浩貴編著『ドイツ史と戦争』（彩流社、2011年）28〜29頁。
10 技術的革新の一方で、海軍戦略の検討が歴史的アプローチに沿って行われていたことは興味深い。たとえば、アルフレッド・T・マハン、北村謙一訳『マハン海上権力史論』（原書房、2008年）；ジュリアン・スタンフォード・コルベット、エリック・J・クロウヴ編、矢吹啓訳『コーベット海洋戦略の諸原則』（原書房、2016年）。
11 ホルガー・H・ヘルヴィック「戦闘艦隊革命　1885〜1914年」（ノックス、マーレー『軍事革命とRMAの戦略史』187〜189頁）；ジェレミー・ブラック、内藤喜昭訳『海軍の世界史』（福村出版、2014年）；立川京一、石津朋之、道下徳重、塚本勝也編『シーパワー』（芙蓉書房出版、2008年）。
12 ジョン・エリス、越智道雄訳『機関銃の社会史』（平凡社、2008年）。
13 第一次世界大戦以前に、戦争の機械化をめぐる議論は認識されていた。たとえば、ダニエル・ピック、小澤正人訳『戦争の機械　近代における殺戮の合理化』（法政大学出版局、1998年）。
14 このような状況は戦略全体の変化とも結びついており、新時代に対応した戦略状況の変化については、以下を参照。J・F・C・フラー、中村好寿訳『フラー制限戦争指導論』（原書房、2009年）；Michael Geyer, German Strategy in the Age of Machine Warfare, 1914-1945, in: Peter Paret(ed.), *Makers of Modern Strategy. From Machiavelli to the Nuclear Age*, Princeton 1986, pp.527-597（マイケル・ガイヤー、川村康之訳「機械化戦争時代——一九一八〜一九四五」（ピーター・パレット編、防衛大学校「戦争・戦略の変遷」研究会訳『現代戦略思想の系譜　マキャヴェリから核時代まで』ダイヤモンド社、1989年、463〜518頁）；石津朋之『リデルハートとリベラルな戦争』（中央公論新社、2008年）。
15 軍備政策の体系的な歴史的研究として、Michael Geyer, Deutsche Rüstungspolitik 1860-1980, Frankfurt am Main 1984は非常に示唆に富む。
16 ヴェルナー・ゾンバルト、金森誠也訳『戦争と資本主義』（講談社学術文庫、2010年）。
17 ポール・ヴィリリオ、石井直志・千葉文夫訳『戦争と映画　知覚の平坦術』（平凡社、1999年）；ヴィリリオ、市田良彦訳『速度と政治　地政学から時政学へ』

（平凡社、2001年）。
18 加藤『兵器の歴史』95〜113頁では、「運用体」という概念のなかで、総合的、理念的な概念把握が行われている。
19 近代以降の戦争とメディアの問題を考える際に、クリミア戦争、ドイツ統一戦争はメディアを用いたナショナリズム形成の手段としても重要な戦争であった。Frank Becker, Bilder von Krieg und Nation. Die Einigungskriege in der bürgerlichen Öffentlichkeit Deutschlands 1864-1913, München 2001；中島浩貴「ドイツ統一戦争における市民とメディア――ライプツィヒ絵入り新聞における普墺戦争と独仏戦争の描写を中心として」（杉山精一編『歴史知と近代の光景』社会評論社、2014年、63〜89頁）。
20 たとえば、このような一例として、原克『悪魔の発明と大衆操作――メディア全体主義の誕生』（集英社新書、2003年）。
21 総力戦に関する最も代表的な同時代文献として、ルーデンドルフ、伊藤智央訳『総力戦』（原書房、2015年）を参照。技術よりもイデオロギーを重視している傾向がある。
22 ハーグ平和会議に至る概略としては、武田昌之「近代西欧国際組織構想概観　日本国憲法第9条の歴史的位置付けのために」『北海道東海大学紀要. 人文社会科学系』第6号、1993年、25〜38頁；武田「近代西欧国際組織構想概観(2)　ハーグ平和会議の前後を中心に」『北海道東海大学紀要. 人文社会科学系』第8号、1995、49〜62頁を参照。
23 しかしクラウゼヴィッツは「もっとも暴力は、国際法上の道義という名目の下に自己制約を伴わないわけではないが、それはほとんど取るに足らないものであって、暴力の行使を阻止する重大な障害となりはしない。」（クラウゼヴィッツ『戦争論』上、35頁）とも述べており、国際法のコントロール能力に対する懐疑を示している点も言及しておかなければならない。
24 クラウゼヴィッツ『戦争論』上、63頁。

技術が変えない軍の特質
海兵隊を事例に

阿部　亮子

はじめに　軍事作戦と技術・編制・構想

　2003年3月、米国陸軍（以下、陸軍）第3歩兵師団と米国海兵隊（以下、海兵隊）の第1海兵師団（1st Marine Division：以下、第1師団）は、イラクの南部から東西の2ルートで首都バグダットに向けて高速で駆け上がった。2003年の海兵第1遠征軍（I Marine Expeditionary Force：以下、第1MEF）の編制や装備は主にベトナム戦争後の改革期にその起源があるといえよう。2003年の第1MEFは地上戦闘部隊と航空戦闘部隊、戦闘支援部隊から成る空地協働の諸兵種協同部隊だった。AAV7A1水陸両用強襲車を運用する強襲水陸両用大隊は海兵連隊に装甲兵員輸送車として配属され、上陸作戦ではなく、地上での機械化作戦を遂行した。海兵隊は第1師団隷下の海兵連隊にAAV7を配備し機械化歩兵として運用した*1。第1師団の各連隊戦闘団（Regimental Combat Team：RCT）には火力と戦闘偵察能力を保有する軽装甲偵察（Light Armored Reconnaissance）大隊が配備されていた。

　1970年代前半から半ばにかけて、海兵隊は以下のようなジレンマに直面していた。米国の国防政策で重視される欧州や中東は機甲戦が主であり、海兵隊の装備や編制は対応していない。しかし、海兵隊が機甲戦に対応しようとすると、従来の歩兵を中心とした水陸両用戦能力が低下するため、組織の存在意義が失われかねない。1975年に第26代海兵隊総司令官に就任したルイス・H・ウィルソン（Louis H. Wilson）は「作戦的迅速」（Operational Readiness）構想で海兵隊の任務を再定義し、機甲戦と戦力投射という2つの任務の両立を目指した。空地協働の諸兵種協同部隊を世界中に迅速に派遣することを海兵隊の任務としたのである。そして1979年にカリフォルニア州のトゥエンティナインパームズにある海兵隊の基地に海兵隊空地戦闘センターが開設され、諸兵種協同演習（Combined Arms Exercise）が実施されるようになった。

AAV7A1は太平洋戦争の島嶼への上陸において水上での兵力輸送や陣地攻撃に使用された上陸用装軌車（Landing Vehicle Tracked）にその起源をもつ。ただし、1960年代後半になると水上での速度を上げると共に陸上で敏捷に動き回る性能を向上させたLVT-7が開発され、1972年に部隊配備が開始された*2。その後1970年代後半に欧州での機甲戦の演習に参加するようになり、1980年代には中東での地上戦への介入が懸念事項となった。海兵隊は1980年代の半ばにはLVTP-7の武装を強化しつつ、装甲兵員輸送車として軽装甲車（Light Armored Vehicle（LAV））を新たに部隊に配備し始めた*3。1984年にトウェンティナインパームズの中隊にLAVの配備が開始され、1985年から1987年にかけて4個大隊が立ち上がった*4。大隊は数度の部隊名の改定を経て1994年に軽装甲偵察大隊となった*5。

　技術の進化は必ず戦争様式の変化を促進するのだろうか。それとも技術の進化にも関わらず、戦争様式や軍の特質が変化しないこともあり得るのだろうか。軍事作戦において技術と編制、構想はどのような関係にあるのだろうか。これらがどのように関連し合って戦争様式を変化させ、もしくは不変なものにしているのだろうか。本研究ではベトナム戦争以降の海兵隊をケースにして、これらの問題を考えてみたい。ここでは、戦争の作戦レベルと戦術レベルに限定して考察する。本研究では時系列が前後するが、続く第1節でイラク自由作戦における第1MEFの作戦や戦術の特徴を整理する。その後第2節において、イラク自由作戦の海兵隊部隊の作戦や戦術の背景にあった構想を示す。最後に近年の海兵隊における技術と編制、作戦・戦術構想の変化を巡る議論を考察する。

1．2003年の海兵隊の「電撃戦」

　1997年、海兵隊大将のアンソニー・ジニー（Anthony Zinni）が中央軍司令官に就任した。彼は1980年代の海兵隊におけるドクトリン改定の推進者の一人である。ジニーの後継者として2000年に中央軍司令官に着任したトミー・フランクス（Tommy Franks）陸軍大将はジニーの忠実な部下であり、システム分析の博士号を有するギャリー・ラック（Gary Luck）陸軍大将の影響を受けていたという*6。2001年11月、イラク侵攻の合同地上部隊コマンド（Combined Force Land Component Command（CFLCC））に陸軍第3軍が

指定され、その指揮下には陸軍の第5軍団と海兵隊の第1MEFが置かれた。2002年の夏頃には中央軍の努力の焦点はクウェートからの地上戦でイラク軍を撃破し、バグダッドのレジームと必要ならばティクリートのバース党を孤立させ、レジームの支配を取り除き、主要な戦闘が終結後は治安維持へと移行することと決まった*7。

　中央軍の努力の焦点が決定される中で第1MEFの任務と役割も明確になりつつあった。2002年11月にジェームズ・T・コンウェイ（James T. Conway）が第1MEF司令官に就任する。2002年12月から2003年1月頃には、地上部隊の主攻の第5軍団がイラク西部の砂漠を北上し、支援の第1MEFはイラク中部を北上することが決定された。部隊の展開、特殊部隊の作戦と北部と南部の飛行禁止空域での空爆、航空攻撃と地攻撃、治安維持の4つの段階からなる第1MEFの作戦計画が作成された。3月中には第1MEFの編制や各部隊の任務が定まった。第1MEFは第1師団と第3海兵航空団、第1部隊サービス支援グループ、第1MEF工兵グループ、任務部隊タラワと名付けられた第2海兵遠征旅団（2d Marine Expeditionary Brigade）から編制された。第1師団の任務はイラク南部の油田を確保し、任務部隊タラワを超越し、バグダッドに向けて攻撃することとなった。任務部隊タラワの任務はアンナシリアとユーフラテス川、交通連絡線を確保することに決まった*8。第1師団長はジェームズ・N・マティス（James N. Mattis）、副師団長はジョン・F・ケリー（John. F. Kelly）である。ケリーは1990年代初期に創設された将来戦の開発と作戦立案のエリート養成機関である先進戦争学校の卒業生だった。任務部隊タラワはリチャード・ナトンスキ（Richard Natonski）が率いることとなった。

　イラク自由作戦において、第1師団は米軍の作戦全体の重心であるバグダッドに向けて迅速に主力を北上させた。2003年3月20日、CFLCCの攻撃命令が発令され、後に統合参謀本部議長になるジョセフ・F・ダンフォード（Joseph F. Dunford）が指揮するRCT-5が国境を越え、イラクに侵入した。第1師団隷下のRCT-1とRCT-5、RCT-7はイラク南部の油田を確保するとただちにナシリヤに向かった。ナシリヤの制圧は任務部隊タラワに任されていた。第1師団の部隊を北上させるために、ナシリヤのユーフラテス川とサダム運河にかかる橋を急いで奪取する必要があった。23日にはナトンスキが現場を視察した。迅速な移動が敵の均衡を崩すと信じていた彼

は橋の奪取の重要性を訴えた*9。第1師団はRCT-5とRCT-7を西側の1号線からRCT-1を東側の7号線から北上させることにした。ここでマティスとナトンスキ、コンウェイは賭けに出たという*10。彼らは任務部隊タラワが未だ戦っており、RPGが飛び交う中でRCT-1に橋を渡河させ、クートに向けて部隊を北上させた。連隊の会戦という観点からはリスクが伴う決定だったが、第1MEF全体の作戦の観点からは迅速な作戦テンポを維持することとRCT-5とRCT-7との同調が重要だと彼らは判断したと推測できよう。第1号線を高速で北上したRCT-5はディワンヤを超え、3月27日にはヘンタッシュ滑走路を奪取したが、その後ディワンヤに後退してムジャヒディンと戦った。3月30日、チグリス川を越えて7号線上の都市クートを孤立させることが第1師団に許可された*11。4月2日にRCT-5は迅速なスピードでクートの西に位置する都市ヌマニヤに入り、続いてクートとバグダッドを結ぶ6号線を遮断した。ヌマニヤの制圧はRCT-7が担当した。RCT-1はクートの南から攻撃をしかけた*12。ここでも作戦的思考が戦術的思考に優先する。4月7日、第1師団はバグダッドでの攻撃を開始した。

　2003年の海兵隊の軍事作戦は、1941年にアルデンヌの森とフランスを高速で突っ切ったハインツ・グデーリアン（Heinz Guderian）率いる第19装甲軍団を彷彿させた。カール＝ハインツ・フリーザーによれば、1941年のドイツ「電撃戦」誕生の原動力とは以下の9要素である。①短期決戦の伝統②作戦的戦争指導の復活、③重点目標に兵力を集中させる重点形成の原則、④航空機と空挺部隊による立体的な包囲、⑤正面突破、⑥突進部隊が敵の抵抗の強い箇所を迂回し、深く進撃していく縦深突撃、⑦分権型の委任戦術と指揮官が前線で指揮する陣頭戦術、⑧通信技術、装甲師団、陸軍と空軍の協同に代表される戦術と技術の融合、⑨不確定性を受容したドイツ国防軍による速攻と奇襲である*13。もちろん、イラク自由作戦での海兵隊の戦闘に上述した9つの要素の全てが反映されているとは必ずしもいえない。ただし、上述してきたように、作戦的目標を達成するための戦闘、重点形成の原則、縦深突撃、諸兵種協同、速攻と奇襲といった特徴は反映されているといえよう。高速の作戦テンポで作戦的目標を奪取することで敵を機能不全に陥れようとしたのである。次節では2003年の海兵隊の「電撃戦」の背景にあった構想を紹介する。

2．「電撃戦」の背景にあった構想

　2003年のイラク自由作戦の背景にある軍事構想の起源は第29代海兵隊総司令官アルフレッド・M・グレイ（Alfred M. Gray）によって実施されたドクトリン改革にあるといえよう。1990年代後半、第31代海兵隊総司令官チャールズ・C・クルラック（Charles C. Krulak）が一連のドクトリンを発行した。1997年に発行された『MCDP 1 ウォーファイテング』（*MCDP 1 Warfighting*）、『MCDP 1-2 戦役』（*MCDP 1-2 Campaigning*）、『MCDP 1-1 戦術』（*MCDP 1-1 Tactics*）などである*14。ただし、これらで示されている戦争様式は基本的にはグレイが1980年代後半に発行した一連の基盤ドクトリンー『FMFM 1 ウォーファイテング』（*FMFM 1 Warfighting*）、『FMFM 1-1 戦役』（*FMFM 1-1 Campaigning*）、『FMFM 1-3 戦術』（*FMFM 1-3 Tactics*）ーで示された戦争様式を継承していた*15。

　1987年に総司令官に就任したグレイはドクトリン改革に着手し、以下の3つの構想やシステムの海兵隊への導入を試みた。一つ目は機動戦と称される戦争様式である。1989年に発行された『FMFM 1 ウォーファイテング』では、火力による敵の物理的破壊を累積する消耗戦と敵の機能不全を促す機動戦と称される二つの戦争様式が提示された。海兵隊の主たる戦争様式として機動戦が採用された。機動戦とは我の作戦テンポの高速化や敵の決定的脆弱性に我の努力を集中させることで敵の崩壊を促す戦い方である。作戦テンポを高速化するために複数の戦術行動を同時に行い、指揮官が意図を示し、その指揮官の意図を達成する限りにおいて部下の行動の自由が保障される分権型の指揮形態を用いる。機動戦にはその創始者たちのアイデアが反映されている。空軍将校のジョン・R・ボイド（John R. Boyd）はOODA（Observe, Orient, Decision, Action）のサイクルを混乱させることで勝利することができると主張した。海兵隊将校のマイケル・D・ワィリー（Michael D. Wyly）は、部隊が柔軟にかつ迅速に行動するためには、行動を規定するのではなく将校の思考枠組みを規定するドクトリンへと転換し、将校は共通の概念枠組みに基づき自ら判断すべきであると訴えた*16。彼らのアイデアはドクトリンライターのジョン・F・シュミット（John F. Schmidt）によってカール・フォン・クラウゼヴィッツの戦争観ー戦争とは敵に我の意思を強要する不確実な現象であるーに基づき統合された。不確

実性が伴う戦場では指揮の統制が必要、小部隊の指揮官にはそのような能力が伴っていない、水陸両用作戦というアイデンティティを失いかねないなどの批判が寄せられた＊17。だが、グレイは指揮官に機動戦を実行する能力を付与するための教育を確立し、クルラックは機動戦を水陸両用作戦にも適用することで、改革者たちは機動戦を海兵隊に定着させることを試みた。

　2つ目は戦争の作戦レベルと称される構想である。海兵隊のドクトリンの定義によれば、作戦レベルとは戦略と戦術を関連づける領域であり、戦略目的を達成するために戦術を使用することである。目標を達成するために、いつ、どこで、どのような条件で戦い、もしくは戦わないかということを決定する。作戦レベルの領域をドクトリンに導入したことで、戦場を分析し、作戦を立案し、指揮する将校達の時間と空間の認識を拡大することを促した。作戦レベル構想をドクトリンに導入したことで、各々の戦闘を個別に思考するのではなく、それらを関連づけながら軍事作戦を立案し、実行することが将校に求められるようになった。かつ目的志向で思考すること－各戦闘を単に関連づけるのではなく、軍事戦略目標を達成するように関連づけること－を将校達に促進することになった。ベトナム戦争後の米国において、作戦レベル構想は主に陸軍におけるベトナム戦争の反省を巡る議論で概念化された＊18。

　最後は構想に基づく要求システム（Concept Based Requirement System）と名付けられたシステムである。これは装備や編制などの有形要素ではなく、構想という無形要素を基盤としてドクトリンと編制・装備・訓練・教育を整備する仕組みのことである。グレイはドクトリンの改革と併せて総司令部と海兵隊教育開発司令部の改革にも着手したが、彼の企図の一つは構想に基づく要求システムの構築であったといえよう。そのシステムを機能させるために以下のように制度を変革した。ドクトリンと訓練・編制・装備における改定を総司令部ではなく新設した海兵隊戦闘開発司令部が主導するように機能と役割を分散した。そして海兵隊戦闘開発司令部内に構想やドクトリンの開発とドクトリン・訓練・編制・装備における必要な変化の特定を一元的に実施する組織－ウォーファイテングセンター－を設立した。まず総司令官が将来の作戦的構想を示す。続いて将来の作戦的構想と現在のドクトリンと訓練・編制・装備の現状のかい離が明らかにされる。中期

作戦計画の目標を設定した後に、ドクトリンや訓練・編制・装備の各分野における要求をウォーファイテングセンターが決定する。以上のようなシステムを作ることで、グレイは構想に基づいてドクトリンや訓練・編制・装備を一体的に開発しようとした。

おわりに　ロバート・ネラーの下での変化

　第1節ではイラク自由作戦における海兵隊の作戦の特徴とドイツ陸軍の「電撃戦」の特徴の共通点を指摘した。第2節では2003年の海兵隊の電撃戦の背景にあった軍事構想を提示した。最後に近年の海兵隊が第2節で示した軍事構想と新しい技術をどのように変化させることを議論しているのかを考察してみたい。2015年7月、ロバート・B・ネラー（Robert B. Neller）が第37代海兵隊総司令官に就任した。

　総司令官就任から約1年後の2016年9月に、ネラーは『海兵隊作戦構想』（Marine Corps Operational Concept）文書を発行した*19。『海兵隊作戦構想』文書は7つの章から構成されている。初めに、2025年の将来の海兵隊の戦い方が示される。次に本文書の目的と文脈、海兵隊が直面している問題、作戦構想、今後の海兵隊の重要任務に関する記述が続く。重要任務は戦いに勝利するために編制や訓練、装備を変化させるための指針である。未来の戦い方の絵姿を示し、それに向けて任務を提示し、それを整備すべき編制や訓練、装備の指針とする。これはグレイが構築を試みた構想を基盤にした要求特定をネラーが定着させようとしていると考えられる。

　『海兵隊作戦構想』では、将来の戦いのために海兵隊が構築すべき能力として以下のようなものが示された。まず、海洋戦役の一部としての海兵隊の役割を強化することである。この方針は前海兵隊司令官ジェームス・F・エイモス（James F. Amos）が『遠征部隊21』（Expeditionary Force 21）において示した海軍との統合の強化を継続したものといえよう*20。前方プレゼンスの能力やシーコントロール・戦力投射能力を向上させるために以下のような能力を開発する必要がある。それは、海軍の海兵隊を展開する能力が限定されている中でパワープロジェクションの代替案を探求すること、海軍との情報・監視・偵察（Intelligence Surveillance and Reconnaissance：ISR）能力の統合、第5世代の航空能力の海兵空陸任務部隊（Marine Air

Ground Task force：MAGTF)への統合、海軍の艦船で海兵隊の使用を増やす方法を調査することなどである。次に現代の海兵隊の編制の特徴である空地協働部隊のMAGTFを進化させることである。ここではとりわけ最大規模のMAGTFであるMEFが沿岸や海岸、内陸部で作戦を実行する能力を維持することが強調されている。『海兵隊作戦構想』では情報戦の能力の強化が強調されている。全てのMAGTFが情報戦を遂行する能力を備えるようにし、オープン・ソース・インテリジェンス（OSINT）を活用し、無人ISRシステムの開発を続ける。例えば、海兵隊戦闘開発司令部によれば、海兵隊はハンヴィーやLAV、統合軽戦術車（Joint Light Tactical Vehicle：JLTV）に軽量化した電子戦の装置を搭載し、MAGTF司令官が敵の通信を探知、遮断するシステムを構築中である*21。

　上に述べたように『海兵隊作戦構想』では将来戦を戦うために技術や編制の進化が提示されているが、あくまでもそれらは機動戦を戦うためであるといえよう。『海兵隊作戦構想』によれば、海兵隊はこれまで主に物理的な領域で機動戦を実行してきた。今後は認識の領域でも機動戦を実行していくという。かつこれまで空・地・海の領域に諸兵種協同部隊を利用してきたが、今後は宇宙とサイバースペースの領域にも拡大する。5つのドメインをまたいで情報戦を戦うことが可能な諸兵種協同部隊を編制することで、物理面でも認識面でも敵の機能不全を目指す。『海兵隊作戦構想』において認識面での機動戦に関する明確な定義や戦例が提示されているわけではない。おそらく、敵がジレンマに直面したり、敵の意図や推論が機能しなくなる状況を形成したりすることで敵が心理的に機能不全になることであると考えられる。

　エリスグループと称されたグループが2016年11月号と12月号の『海兵隊ガゼット』（Marine Corps Gazette）誌に発表した論文では、将来、海兵隊部隊が実行する機動戦が次のように説明される。海兵隊部隊は伝統的に機動戦構想の実行において、砲兵や近接航空支援、艦砲射撃支援による火力を重視してきたという。火力で敵を物理的に破壊することで敵の機能不全を促してきた。ただし、イスラム国による情報戦や中国の南シナ海での欺瞞、ウクライナ東部でのロシアの電子戦中隊が配備された諸兵種協同部隊など、現代の戦場には電子戦やサイバー戦がより一段と活用されている。そこで今後は海兵隊も空・地・海・宇宙・サイバースペースを横断しながら、敵

の面とギャップを特定する。そして敵がジレンマに直面するような状況を作り出し、敵を物理的のみならず心理的に麻痺させる。彼らの議論によれば、具体的には、MAGTF司令官が敵とその意図そして作戦環境を直観的に把握するために情報収集・監視・偵察活動を行い、情報戦で敵を欺瞞し、混乱させ、電子戦やサイバー戦で敵の指揮統制を無力化する*22。情報戦と火力、機動を組み合わせながら敵の意思決定プロセスを混乱させることを海兵隊は目指していると考えられる。

　以上のように、イラク自由作戦における海兵隊の戦術の背景には編制や装備のみならず、海兵隊が開発、採用した軍事構想があった。グレイの時代に全軍的に採用された機動戦構想、作戦レベル構想、構想に基づく要求システムが2003年の海兵隊の戦術の基盤にあった。そして現在の海兵隊では、宇宙とサイバースペースなど新たな領域を加えた情報戦が重視されているが、あくまで1970年代から1980年代にかけて開発・採用された機動戦構想に基づきそれらを活用することが議論されているといえよう。

註
1　河津幸英『図説アメリカ海兵隊の全て』(アリアドネ企画、2013年) 97、230～238頁。
2　スティーヴン・ザロガ『アムトラック米軍水陸両用強襲車両』武田秀夫訳（大日本絵画、2002年）42～43頁。
3　同上、44～48頁。
4　James D'angina, *LAV-25 The Marine Corps' Light Armored Vehicle*, Osprey Publishing, 2011, pp.5-8.
5　河津『図説アメリカ海兵隊の全て』352頁。
6　Michael R. Gordon and General Bernard E. Trainor, *Cobra II: The Inside Story of the Invasion and Occupation of Iraq*, Pantheon Books, 2006, p.27, Williamson Murray and Robert H. Scales, Jr., *The Iraq War*, Harvard University Press, 2003, p.92.
7　Gregory Fontenot, E.J. Degen, David Tohn, *On Point: The United States Army in Operation Iraqi Freedom*, Naval Institute Press, 2005, p.47.
8　Nicolas E. Reynolds, *Basrah, Baghdad, and Beyond: The U.S. Marine Corps in the Second Iraq War*, Naval Institute Press, 2005, p.53.
9　Ibid., p.75, 76.

10 Williamson Murray and Robert H. Scales, Jr., *The Iraq War*, p.123.
11 Michael S. Groen and Contributors, *With the 1st Marine Division in Iraq, 2003 No Greater Friend, No Worse Enemy*, History Division Marine Corps University, 2006, p.230.
12 河津『図説アメリカ海兵隊の全て』104〜108頁。
13 カール＝ハインツ・フリーザー『電撃戦という幻』下大木毅、安藤公一訳（中央公論新社、2012年）228〜255頁。
14 Department of the Navy, *MCDP 1 Warfighting*, 1997, Department of the Navy, MCDP 1-2 Campaigning, 1997, Department of the Navy, MCDP 1-3 Tactics, 1997.
15 H.T. Hayden eds., *Warfighting: Maneuver Warfare in the U.S. Marine Corps*, Greenhill Books, 1995.
16 機動戦構想の思想的背景については、大部分、阿部亮子「米国海兵隊の水陸両用作戦構想の変化－湾岸戦争後の機動戦構想と作戦レベル構想の適用－」『戦略研究』第20号、2017年、75〜91頁、第2節の要約である。
17 Fideleon Damian, *The Road to FMFM 1: The United States Marine Corps and Maneuver Warfare Doctrine, 1979-1989*, A Thesis submitted to Kansas States University, 2008.
18 作戦レベル構想の意味と意義については、大部分、阿部亮子「米国海兵隊の水陸両用作戦構想の変化」第3節の要約である。
19 Department of the Navy, *The Marine Corps Operating Concept How an Expeditionary Force Operates in the 21st Century*, September 2016.
20 Department of the Navy, *Expeditionary Force 21*, 4 March 2014.
21 The United States of Marine Corps, Concept and Programs, https://marinecorpsconceptsandprograms.com/programs/intelligence-surveillance-and-reconnaissance/communications-emitter-sensing-and-attack、2016年6月26日アクセス、Marine Corps System Command, "Corps Ready to Wage Electronic Warfare with New Mobile Sensor, Attack System,"
http://www.marcorsyscom.marines.mil/News/Press-Release-Article-Display/Article/936029/corps-ready-to-wage-electronic-warfare-with-new-mobile-sensor-attack-system/、2016年6月26日アクセス。
22 The Ellis Group, "21st Century Maneuver Warfare: Absorbing the lessons," *Marine Corps Gazette*, Vol.100, Issue11, November 2016, pp.34-41, The Ellis Group, "21st Century Combined Arms: Maximizing Combat Power, Flexibility, and Responsiveness," *Marine Corps Gazette*, Vol.100, Issue12, December 2016, pp.21-28.

軍における技術進歩の知的背景
— 米国陸軍のドクトリンと「作戦術」中心の知的組織への挑戦 —

北川　敬三

はじめに　米軍再建の原点：予想された窮状と誤った自信

（1）ベトナム戦争と米国陸軍

「ベトナム戦争は戦場でも、ニューヨーク・タイムズの第一面でもなく、大学のキャンパスにおいて敗れたのでもない。ワシントンD.C.において、1965年に戦闘の責任を負う前から、国家が戦争を行っていると米国民が理解する前から敗れていたのである。実に最初の米軍部隊を派遣する前からでさえも。ベトナム戦争の悲劇は部隊の戦闘結果ではなく、紛れもなく人災であり、ジョンソン大統領や彼の主要な軍民のアドバイザー達に責任がある」と論述した米国陸軍軍人がいる*1。この軍人こそ、歴史学で博士号を有し現役の陸軍中将でありながら米国トランプ政権の安全保障政策を担う国家安全保障担当補佐官を2017年2月から2018年4月まで務めたマクマスター（H. R. McMaster）である。

1984年にウエスト・ポイントの米国陸軍士官学校を卒業したマクマスターは、ベトナム戦争を経験した世代ではない。マクマスターは、1991年の第一次湾岸戦争に装甲騎兵（armored cavalry）部隊の中隊長として従軍した。彼が戦場で感じたのは、彼がそれまで読んだベトナム戦争の実相との劇的な違いである。つまり第一次湾岸戦争では、部隊の戦闘任務が戦略目標達成に寄与していることを自ら感じた一方、ベトナム戦争では戦争終結に至るまで明確な目標が示されなかった、というものである*2。マクマスターは、「ベトナム戦争はどのように、そしてなぜ部隊の戦闘行動と犠牲が戦争の終結に明確に寄与しなかったのか」を問い続けた*3。

ベトナム戦争後から第一次湾岸戦争に至る1970年代から1980年代に、米軍はどのような知的態度と準備で次の挑戦に臨んだのだろうか。本稿の目的は、デピュイ（William E. DePuy）が主導した1973年創設の訓練ドクトリンコマンド（TRADOC: Training and Doctrine Command）を中心とした、いわ

ば現場からの改革を明らかにすることである。これを、「下からの改革」とすれば、1986年のゴールドウォーター・ニコルズ法（Goldwater-Nichols Act）による統合参謀本部議長の大統領の軍事アドバイザーとしての確立を含む、米軍の統合の強化は「上からの改革」といえよう。マクマスターは、「ベトナム戦争後、軍に残った軍人たちは、（ベトナム）戦争を忘れるか、次の戦争に向けてそのエネルギーと能力を組織の構築に投入した」と述べた*4。デピュイは後者のリーダーである。

　ベトナム戦争とは、一般的に米国と北ベトナムが戦闘を行った1965年から1973年の9年間を指す。決定的な介入となったのが1965年3月の米国海兵隊部隊の投入で本格化した陸上戦闘は、米国海空軍の空爆を交えて1973年1月のニクソン（Richard Nixon）大統領による北ベトナムに対する攻撃中止命令まで泥沼化した。同年ベトナム和平協定調印を経て、停戦が発効することになる。その後1975年4月の米国大使館撤収、南ベトナム政府崩壊で、米国の介入は幕を閉じた。

（2）崩壊寸前の組織

　そもそも、欧州においてソ連軍を念頭に整備された米軍それまでの火力中心の用兵思想は、ベトナム戦争の地勢やゲリラ戦を主体とする戦闘様相に適応していなかった。更に、戦争の長期化で、米国民の間に正当性への疑問が生じ、軍隊に必要な国民の支持を失う負のスパイラルに入ってしまった。特に、人的・組織的ダメージが最も大きかったのが陸軍であった。ベトナム戦争中、約5万7000人の米軍人が戦死したが、うち65パーセントの犠牲は陸軍のものであった。それゆえに、陸軍は、組織改革を最も要求された軍種となった。本稿では、この陸軍の組織改革に注目することで、軍の技術的進歩の背景にある組織的な知の営みを描き出していく。

　米軍がベトナムで対ゲリラ戦に資源を投入せざるを得ないのを尻目に、欧州ではソ連軍が近代化を進めていた。欧州正面の冷戦を戦いながら、ベトナム正面で戦う米国陸軍に人的余裕はなかった。1968年から1972年まで陸軍参謀長を務めたウエストモーランド（William C. Westmoreland）には、就任時に二つの任務が課された。一つは、ベトナム戦争に従軍する兵士達を支援することであり、もう一つは、将来の挑戦に耐えうるよう陸軍を再活性化させることであった*5。ウエストモーランドから指名で、再活性

軍における技術進歩の知的背景

化の先導者として副参謀長補（AVICE: Assistant Vice Chief of Staff）に任命されたのがデピュイであった。その後、デピュイは1973年に創設されるTRADOCの初代司令官として、1977年の退役まで一貫して陸軍の改革メカニズムの制度的な礎を構築することになる。

(3) デピュイの登場

　デピュイは、1919年にノース・ダコタ州に生まれ、地元の州立大学を1941年に卒業し、予備役士官制度（ROTC）で米国陸軍少尉に任官した。デピュイの軍歴は、第二次世界大戦でノルマンディ上陸作戦やバルジの戦いに参戦、大戦後も主に欧州で勤務し、1960年代はワシントンの国防総省、ベトナム戦争で第一師団長を歴任したのち、AVICEに任命された。デピュイはいわば、米国陸軍の栄光と凋落を両方知る世代の軍人といえよう。

　1992年に他界したデピュイは、記録に残るだけでも1954年から1990年に渡るまで主に教育訓練に関する膨大な量の論考を書き続けた*6。デピュイの問題意識の原点は、自らが経験した第二次世界大戦の欧州戦線にあった。すなわち、余りにも多くの兵士が不十分な訓練と不適格なリーダーのために命を落とした現場を目にしたことが、自らの使命をして有能なリーダーの育成の追求に駆り立てたのである*7。この献身と業績からデピュイは、ベトナム戦争で疲弊した米国陸軍を再建し、1991年の湾岸戦争の勝利への知的礎を築いた最大の恩人と評される*8。

1．TRADOCとデピュイの挑戦：1970年代と「戦術レベル」の改革

(1) 米国陸軍の再活性化とTRADOCの創設

　陸軍の再活性化に着手したデピュイは、米国本土の陸軍部隊を統括するCONARC（U.S. Continental Army Command）の非効率性に問題があるという結論に達した。このCONRACを訓練ドクトリンコマンド（TRADOC）と陸軍部隊コマンド（FORSCOM: U.S. Army Forces Command）の二つに分割するステッドファスト改革（Steadfast Reorganization）は、1972年3月にレアード（Melvin R. Laird）国防長官の承認を得た。これによって、1973年7月1日にTRADOCが設立され、バージニア州のフォート・モンロー（Fort Monroe）に司令部が置かれた。AVICEとして4年間にわたり陸軍改革の

219

司令塔であったデピュイは大将に昇任し、TRADOC初代司令官に命じられた。

　TRADOCは、次の三点で画期的な組織であった*9。第一は、機関で行われた研究を、新装備を含む陸戦の技術や戦術に反映する研究重視の組織であったこと。第二は、これらの研究を踏まえてドクトリン及びそれに対応する組織の創造を目指したこと。第三は、想定される任務に応じた士官・下士官・兵の個人訓練から部隊訓練までを、TRADOCで開発するドクトリンに沿って実施するとしたことである。すなわち、TRADOCは、ドクトリンをコンセプト化・制度化し、教育訓練機関を通じて米国陸軍に徹底するための組織として位置づけられたのである。

(2) 第四次中東戦争の衝撃

　TRADOCの船出にあたり、デピュイはその任務を「陸軍に次の戦争を戦う準備をさせること。優先事項は、戦闘能力の向上であり、その目的を達成するための個人訓練の充実、部隊への訓練支援の充実、新たなドクトリンの創出」とした*10。つまり、デピュイはドクトリンと装備の開発を統合する組織を企図したのである。中でも、最も重視されたのがドクトリンであり、そのコンセプトが組織をリードすべきと考えられていた*11。デピュイの透徹した目は、教育訓練改革を通じて、陸軍を改めてプロフェッショナルな組織（re-professionalize）に再生することに向けられていた*12。

　その矢先、TRADOCの陸軍改革の取り組みに衝撃が走る事案が生起した。1973年10月6日に生起した第四次中東戦争（October War、Yom Kippur War）である。エジプト軍とシリア軍の奇襲攻撃を受けたイスラエル軍は初期に混乱をきたしたものの挽回し3週間で勝利を得た。アラブ側はソ連軍の装備と用兵思想で、イスラエル側は米軍の装備と用兵思想で戦った。デピュイが最も注目したのが戦車戦であった。戦争が終了した段階で、双方合わせて3,000両以上の戦車、約575門の砲が破壊されていた。破壊された戦車の内、約2,000両はアラブ側の損害であった。米軍が危機感を覚えたのは、破壊された戦車の数の総数が、当時米国陸軍が欧州に保有していた兵力を上回っていたことである。第四次中東戦争は、それまでの戦闘様相では見られなかった機動力、火力と技術力の戦いであり、イスラエルはいわば、当時の米軍装備と戦い方の実力を測るリトマス紙としての役割を

果たすこととなった。

(3) 組織変革のツールとしてのドクトリン

　第四次中東戦争を受けて、その戦訓を反映させたドクトリンの確立がデピュイの優先事項となった。ドクトリンは「目標達成のために軍事組織の行動を導く原理原則であり、組織によって認可されるものの、実運用にあたっては指揮官の判断を要するもの」とされる*13。さらには、「ドクトリンは何を考えるかではなく、どう考えるかについて」であり、「ドクトリンは、主導的で独創的な思考法を進める」とも定義されている*14。デピュイは、ドクトリンこそが米国陸軍近代化を正当化する手段と考えていた*15。加えてデピュイは、ドクトリンを、具材を色々入れてじっくりと調理するスープ（pot of soup）に例え、常に進化的（evolutionary）でなければならないと考えていた*16。

　ドクトリン作成は1974年から1975年にかけて主に行われた。この一連の動きこそ、米国陸軍の「ドクトリン・ルネッサンス」と言われた*17。この過程で、来るべき戦場と目されていた欧州正面を想定したドクトリン確立のため、TRADOCは特に欧州米国陸軍（USAREUR）、北大西洋条約機構（NATO）が支持する戦車戦ドクトリンを持つ西ドイツ陸軍及び戦場で支援を得ることになる米国空軍と密接に意見交換を重ねた。このため本ドクトリンには、陸軍部内のみならず他軍種、同盟国軍との合意結果及び第四次中東戦争の歴史的戦訓が反映されていった。

　この成果は、1976年7月1日にロジャース（Bernard W. Rogers）陸軍参謀長の決裁を得て正式化されたFM100-5 Operationsとして結実した。1976年版FM100-5の思想「アクティブ・ディフェンス（Active Defense）」とは、防御中心の考え方であり、高機動の機械化部隊を集中させワルシャワ条約機構（WTO）軍の侵攻を火力で食い止めるドクトリンであった。後日デピュイは、同ドクトリンが「戦術レベル」に焦点が置かれすぎており、「戦術レベル」と「戦略レベル」を繋ぐ「作戦レベル」への考慮がなかったことが最大の欠点であることを吐露している*18。

2．先導者としてのTRADOC：1980年代と「作戦レベル」の改革

(1)「作戦術」の導入：FM100-5の改訂と「エアランド・バトル」

　1977年に第二代TRADOC司令官となったスタリー（Donn A. Starry）を中心としたTRADOCでの研究では、敵の正面のみならず後方の第二層の予備部隊までも対処できる深い縦深性を持つ戦い方の必要性と、そのための陸軍力のみならず空軍力を活用する必要性が明らかになった[*19]。

　つまり、機動戦と統合作戦の必要性である。1980年までには、これらの検討が反映されたコンセプトは「エアランド・バトル（Air Land Battle）」、つまり縦深（depth）、敏速（agility）、同期（synchronization）が融合されたドクトリンとなった。エアランド・バトルは、単なる行動の枠組みではなく、的確な連携と敵に勝る機動を用いて主導権を握り、敵の組織的行動を封じる思考の枠組みでもあった[*20]。FM100-5は1982年8月に改訂され、米国陸軍の基盤ドクトリン（cornerstone of U.S. Army Doctrine）とされた。以後、FM100-5を中心に訓練、指揮や戦闘等に関するドクトリンが階層的に体系化されていくことになった[*21]。

　1982年版と1976年版との最も顕著な相違は、「戦術レベル」のドクトリンから大部隊運用を通じて戦略目標の達成を行う「作戦術（Operational Art）」の概念が適用される「作戦レベル」のドクトリンへと変容したことである。このことは、米軍内での消耗戦論者（attritionists）と機動戦論者（manoeuvrists）の論争に決着がついたことを意味した[*22]。国際政治学者のルトワック（Edward N. Luttwak）が1981年に学術誌International Securityに発表した「戦争の作戦次元（The Operational Level of War）」は、戦争の諸階層に「作戦次元」という概念を加えた。この概念は米国陸軍が注目することとなり、1982年版のFM100-5に反映され、1986年版FM100-5で作戦術として明文化されることになる[*23]。

　「作戦次元」と「作戦術」の導入により、米国陸軍は、「戦術次元」での戦闘を、「戦略次元」で定義される戦略目標の達成に関連付けることができるようになった。換言すれば、戦略目標を達成するものだけが作戦であり、こうした作戦を連続させたものが「戦役（campaign）」としてデザインされた[*24]。戦略目標を達成するものしか作戦とは言わない。「作戦術」により、統合の必要性は自明となっていった。1986年に成立した「ゴールド

ウォーター・ニコルズ法」が、統合を制度化した。デピュイに始まった軍人たちの知的努力、すなわち「下からの改革」は、法制度という「上からの改革」と結合した。同法は、統合参謀本部議長が大統領、国防長官から直接命令を受け、陸海空軍に命令すなわち三軍が統合して戦争を遂行することを可能にした。これは、統合参謀本部を設置した1947年の国家安全保障法以来、米国の軍事制度を変革した革命的立法と評価されている[*25]。

　陸軍全体の組織改革においてもTRADOCは先導者となった。TRADOCでは「エアランド・バトル」ドクトリン実現のための組織と装備改革として1983年から1984年にかけてAOE（Army of Excellence）と呼ばれる施策が検討され、1984年から1986年にかけて実施に移された。概要は、①米国陸軍5個軍団の担当地域の特性にあわせた編成替え、②航空機での移動を念頭においた機動力を高めた軽歩兵師団の創設、③特殊作戦部隊の強化、④M1A1エイブラムス戦車を中心とする最新装備による火力の強化の四点であり、重装備と軽装備の部隊の総合的かつ機動的な運用が進められた[*26]。

(2) ドクトリンを基盤とする教育訓練

　ドクトリンを組織に広め定着させるために、デピュイとその後継者達が最も力を入れたのが教育訓練であった。1976年版FM100-5は、米国陸軍最高位のドクトリン（Capstone Doctrine）とされ、陸戦に勝利するため、①これを頂点に下位のドクトリンが整備されること、②教育機関での教育に使われること、③部隊訓練と戦闘能力開発の手引きとなること、が求められた[*27]。これを受け、同ドクトリンは、直ちに陸軍の全ての教育訓練機関に導入された。新装備の要求、戦術、戦術支援組織の在り方全ては、認可されたドクトリンを起点にすることとなった。ドクトリンは、「訓練革命」（training revolution）と呼ばれる効果を米国陸軍にもたらした[*28]。

　デピュイは、実戦的な環境で陸軍のあらゆる職種が総合的に訓練し検証するビジョンを抱いていた。これは、1981年に全国訓練センター（NTC: National Training Center）をカリフォルニア州のフォート・アーウィン（Fort Irwin）に設置することで実現した。敵を想定した対抗部隊形式で空軍とも総合的な実射を伴う訓練ができる広大な演習場は、「エアランド・バトル」の理論を検証する場となった。加えて、Military Review、Armor、Soldiers

という、部内誌での議論は部内外のドクトリンの認知を高めた。

　さらに米国陸軍は、「作戦術」を教育訓練し、これを踏まえた知的態度を涵養するために、これまでの「戦争の術と科学」の教育研究にあたる軍の高等教育機関、すなわち指揮幕僚大学に加え、新たに「作戦術」を中心に据えた教育機関を創設した。この教育機関とは、1983年から指揮幕僚大学の卒業生から選抜された学生に対し、約1年間の教育を行う高等軍事大学院（SAMS: School of Advanced Military Studies）である。SAMSの登場は、ドクトリンに新たな意義を与えた。SAMSの校是「うわべに見ゆる以上のものであれ（Be More Than You Seen）」の動機付けを得た卒業生達は、陸軍の軍団や師団の主要作戦計画にあたる配置に補職された。彼らは、「作戦術」を中心とするドクトリンを広めるだけでなく、その改訂に参画していった。

　SAMSと卒業生の真価は、すぐに発揮されることになる。SAMSは1986年版FM100-5の改訂において主導的な役割を果たした。SAMSの声価を不動としたのが、1990年から1991年にかけて生起した砂漠の盾・嵐作戦（Operation Desert Shield/Storm）であった。多国籍軍司令官で米中央軍司令官のシュワルツコフ（H. Norman Schwarzkopf）から要請を受けたSAMSは、選抜された佐官クラスの卒業生を幕僚として現地に派遣した。彼らは映画『スターウォーズ』になぞらえて「ジェダイの騎士（Jedi Knights）」と呼ばれた。特に中央軍司令部に派遣された少人数のグループは、多国籍軍をイラク軍の正面突破でなく、火力と機動力を生かしイラク軍を迂回し、作戦目標のクウェートシティの解放を優先する「レフト・フック」と呼ばれる同時多方面の機動戦を立案した。この「エアランド・バトル」ドクトリンを用いた作戦計画は、大成功を収め、ホワイト・ハウス、国防総省の文官・軍人から最高の評価を得た。

（3）TRADOCがリードした装備開発

　新たなドクトリンは、総合的な火力と機動力を発揮するための装備面の改革の必要性も提起した。第一次湾岸戦争は、「作戦術」と「エアランド・バトル」ドクトリンを基盤とした教育訓練の成果であるとともに、米軍の装備開発と運用の勝利でもあった。TRADOC創設時の任務の一つは、装備開発であることは既述の通りである。装備開発のため、TRADOCは

軍における技術進歩の知的背景

　四つの基本的な組織編制を有していた。すなわち、①TRADOC司令部（装備開発担当副参謀長）、②機能別センター、③教育機関、④試験評価機関である*29。さらに1980年に導入されたコンセプトに基づく要求システム(CBRS: Concept Based Requirements System)は、ドクトリンに基づくコンセプトが技術、研究、開発、試験、評価を決める方法論となり、ドクトリンが全ての中心となるメカニズムが強化された*30。1980年代、レーガン(Ronald Reagan)政権下での軍拡方針を陸軍が適切に裏付けられたのは、ドクトリンとコンセプトに依拠した研究開発の方法論によるものだった*31。

　1976年版FM100-5は、第四次中東戦争の分析を踏まえ、陸戦での致死力拡大に対応する技術革新を意識して作られた。これがトリガーとなり、1970年代から1980年代は、米国陸軍史でも例をみないほどの装備近代化の時代となった*32。ベトナム戦争後の、徴兵制から志願制への移行にともなう大幅な人員削減の影響を食い止めるためにも、技術革新と装備の開発実用化は急がれた。諸検討を経て、「ビッグ・ファイブ」("Big Five")と呼ばれる①M1エイブラムス戦車、②M2及びM3ブラッドレー戦闘装甲車、③ヘリコプター（ブラックホーク輸送ヘリコプター、アパッチ攻撃ヘリコプター）、④パトリオット対空ミサイル、⑤多連装ロケットシステム（MLRS）が開発、生産されることになる。これらの新装備の是非に関する論争は、1991年の第一次湾岸戦争まで続いたが、これは「エアランド・バトル」ドクトリンによる徹底的に訓練された高練度の部隊が、「ビッグ・ファイブ」を中心とする最新装備を全能発揮したことで終止符が打たれた。

　「ビッグ・ファイブ」の戦場での評価は、それらの生産を加速させることとなり、今日でも更新・運用され続けている。このことはすなわち、米国陸軍を蘇らせるべくTRADOCに集ったデュピュイとその部下達の先見性を今に伝えているが、より重要な点はドクトリンと研究開発を適切に結び付けることの軍事的優位性が示されたことであろう。概念構築と技術開発を連関させる米軍の知的態度は現在も継続され、米軍の力の源泉を象り続けている。

225

おわりに　甦る米国陸軍

　本稿では、ベトナム戦争後の1970年代から1980年代にかけての米国陸軍の知的態度、新たな知の開拓の過程を明らかにした。1972年、史上最低の組織体であった米国陸軍は、史上最大ともいえる自己改革を1970年代と1980年代を通じて断行した。この努力の積分は、第一次湾岸戦争の圧倒的勝利の結果となり、米国陸軍最良の時（finest hour）を迎えたのである*33。1973年のTRADOC創設に始まった米国陸軍の再建は約20年かけて成就されたのである。このことは、ドクトリンを基盤とする知的組織としての陸軍を目指したデピュイの執念の勝利であった。

　TRADOCは、創設から40年以上経過した現在も教育訓練、装備開発、ドクトリンの開発、将来組織の検討を行い、米国陸軍の長期的なレディネスに貢献し続けている*34。21世紀の米国陸軍でも、デピュイのドクトリン中心の知的哲学は健在である。この知的体系は、どの国の軍事組織にも参考になる存在であり続けている。そして、米国陸軍がTRADOCを重視し知的に優れたリーダーを教育研究機関であるTRADOCに配置することは、冒頭のマクマスターが同司令部の副司令官であったことが如実に示しているだろう。

註
1　H.R. McMaster, *Dereliction of Duty*, New York: Harper Collins, 1997, pp.333-334.
2　Ibid., p.xiv.
3　Ibid., pp.xiv-xv.
4　Ibid., p.xiv.
5　Henry G. Gole, *General William E. DePuy: Preparing the Army for Modern War*, Lexington: The University Press of Kentucky, 2008, p.212.
6　William E. DePuy, *Selected Papers of General William E. DePuy: First Commander, U.S. Army Training and Doctrine Command, 1 July 1973*, Fort Leavenworth: U.S. Army Command and General Staff College, Combat Studies Institute, 1994.
7　Oral History, William E. DePuy, *Changing an Army: An Oral History of General William E. DePuy, USA Retired*, Carlisle Barracks: U.S. Army Military History Institute, 1979, p.v.
8　DePuy, *Selected Papers of General William E. DePuy*, pp.vii-xiii.

9 Herbert, *Deciding What Has to Be Done*, p.22.
10 Benjamin King, *Victory Starts Here: A Short 40-Year History of the US Army Training and Doctrine Command*, Fort Leavenworth: Combat Studies Institute Press, 2013, p.5.
11 Richard M. Swain, "Filling the Void: The Operational Art and the U.S. Army, "B.J.C. McKercher and Michael A. Hennessy eds., *The Operational Art: Developments in the Theories of War*, Westport: Praeger, 1996, p.150.
12 Gole, *General William E. DePuy*, p.229.
13 North Atlantic Treaty Organization, AJP-01(D): Allied Joint Doctrine, 2010, p.1-1.
14 Department of the Army (USA), *FM 3-0*, 2008, p.D-1.
15 Lewis Sorley, *Press On! Selected Works of General Don A. Starry Vol I*, Fort Leavenworth: Combat Studies Institute Press, 2009, pp.281-284.
16 DePuy, *Selected Papers of General William E. DePuy*, p.121.
17 Paul H. Herbert, *Deciding What Has to Be Done: General William E. DePuy and the 1976 Edition of FM 100-5, Operations*, Fort Leavenworth, Combat Studies Institute, 1988, p.39.
18 Gole, *General William E. DePuy*, p.262.
19 Benjamin King, *Victory Starts Here: A Short 40-Year History of the US Army Training and Doctrine Command*, Fort Leavenworth: Combat Studies Institute Press, 2013, p.32.
20 田村尚也『用兵思想史入門』(作品社、2016年) 324～327頁。
21 Anne W. Chapman, *The Army's Training Revolution, 1973-1990 An Overview*, Fort Monroe: U.S. Army TRADOC, 1994, p.29.
22 John Andreas Olsen and Martin van Creveld, eds., *The Evolution of Operational Art: From Napoleon to the Present*, Oxford: Oxford University Press, 2011, p.155.
23 ルトワック博士へのインタビュー (東京、2016年10月30日)。
24 田村『用兵思想史入門』328頁。
25 片岡徹也編『軍事の事典』(東京堂出版、2009年)、306～309頁。
26 TRADOC, *Prepare the Army for War: A Historical Overview of the Army Training and Doctrine Command 1973-1998*, Fort Monroe: Military History Office TRADOC, 1998, pp.26-29.
27 Department of the Army, Field Manual 100-5 *Operations*, 1976, Washington, DC: Government Printing Office, 1976, p.i.
28 Chapman, *The Army's Training Revolution*, p.11.
29 TRADOC, *Prepare the Army for War*, pp.37-38.

30 Ibid., pp.39-40.
31 Robert M. Citino, *Blitzkrieg to Desert Storm: The Evolution of Operational Warfare*, Lawrence: University Press of Kansas, 2004, pp. 267-275.
32 TRADOC, *Prepare the Army for War*, p.40.
33 James F. Dunnigan and Raymond Macedonia, *Getting It Right: American Military Reforms After Vietnam and Into the 21st Century*, New York: Writers Club Press, 2001, p.100.
34 King, *Victory Starts Here*, p.iii.

おわりに

道下 徳成

　「時勢造英雄、英雄造時勢（時勢が英雄を造り、英雄が時勢を造る）」という言葉にあやかれば、本書は技術がそれを必要とする時代を造り、また時代もまたそれに相応しい技術を生み出す母体ともなるということであろう。事実、本書の各章に描かれているのは、技術が戦略・作戦環境、そして国際秩序を変える一方、国際社会や戦略・作戦環境が新しい技術を生み出してきたという事実である。同時に、技術の変化によって、軍事組織や社会が導入・運用・規範・組織改革などの面で苦慮し、振り回されてきたという側面もある。

　ここでは、本書から読み取れる重要な示唆を4つ指摘しておきたい。

　第1に、技術革新に基づく軍事・民生技術が発達していく中で、倫理学上の課題も含めて、日本がどのような政策を取るべきかを考える必要がある。第2に、AI、サイバー、脳科学、3Dプリンタ、SNS、イノベーション管理、超音速兵器、ドローンが軍事や戦争などに与える影響について、本書が提示した用語や概念を用いて、学術的・政策的な議論を進める必要がある。第3に、技術革新に軍事組織がどのように対応すべきかを、ローテク使用の可能性も含めて検討する必要がある。第4に、技術革新が安全保障のための手段や戦略、そして戦略環境にどのような影響を与えたかを、本書で検討した米国、韓国、ロシア、インド、日本を含め、引き続き分析していく必要がある。

　本書が、これらの作業を進めていくうえで、有用な手がかり、あるいはたたき台となれば幸いである。

　なお、執筆メンバーのなかには政府関係者も含まれているが、いうまでもなく本書の内容はすべて執筆者個人の見解であり、執筆者の所属組織を代表するものではない。

　最後になったが、本書の意義を認め、出版のためにご尽力いただいた芙蓉書房出版の平澤公裕氏に心より御礼申し上げたい。

執筆者紹介

道下徳成（みちした なるしげ）
政策研究大学院大学教授、ウッドロー・ウィルソン・センター　グローバルフェロー
ジョンズ・ホプキンス大学（SAIS）博士課程修了。博士（国際関係論）
〔著書〕Lessons of Cold War in the Pacific: U. S. Maritime Strategy, Crisis Prevention, and Japan's Role(Woodrow Wilson Center, 2016)（共著）、『北朝鮮瀬戸際外交の歴史　1966〜2012年』（ミネルヴァ書房、2013年）

村野　将（むらの まさし）　岡崎研究所研究員
拓殖大学大学院国際協力学研究科安全保障専攻博士前期課程修了。
〔論文〕「トランプ政権が進める核・ミサイル防衛政策見直しの行方」（『Wedge』2017年11月1日）、「北朝鮮の核・ミサイル脅威と日米の抑止・防衛態勢」（『東亜』霞山会、2017年10月号）、「朝鮮半島危機シナリオと日本の役割を検討する」（『SYNODOS』、2017年10月21日）

川口　貴久（かわぐち たかひさ）　東京海上日動リスクコンサルティング㈱主任研究員
慶應義塾大学大学院政策・メディア研究科修了（政策・メディア修士）。
〔論文〕「サイバー戦争の時代」（日本再建イニシアティブ『現代日本の地政学：13のリスクと地経学の時代』中央公論新社、2017年）、「米国のサイバー抑止政策の刷新：アトリビューションとレジリエンス」（『Keio SFC Journal』特集：新しい安全保障論の展開、 Vol.15、No.2、2016年3月）、「サイバー戦争とその抑止」（土屋大洋監修『仮想戦争の終わり：サイバー戦争とセキュリティ』角川インターネット講座第13巻、KADOKAWA、2014年）。

土屋　貴裕（つちや たかひろ）　慶應義塾大学SFC研究所上席所員
防衛大学校総合安全保障研究科後期課程修了。博士（安全保障学）。
〔著書〕『現代中国の軍事制度：国防費・軍事費をめぐる党・政・軍関係』（勁草書房、2015年）ほか多数。

安富　淳（やすとみ あつし）　宮崎国際大学講師、平和・安全保障研究所客員研究員
ベルギー・ルーヴェン大学博士号（社会科学）
〔論文〕「自然災害における自衛隊の邦人輸送」（『防災をめぐる国際協力のありかた』ミネルヴァ書房、2017年）、「なぜ連携するのか」（『世界に向けたオールジャ

パン』内外出版、2016年)、"Civil-Military Cooperation Strategy for Disaster Relief in Japan:Missing in Disaster Preparedness", *Liaison*, Vol. 7, Spring, 201（共著）

小泉　悠（こいずみ　ゆう）　（公財）未来工学研究所 特別研究員
早稲田大学大学院政治学研究科修了（政治学修士）。
〔著書〕『軍事大国ロシア』（作品社、2016年）、『プーチンの国家戦略』（東京堂出版、2016年）、『ロシア新戦略』（共訳、作品社、2012年）

長尾　賢（ながお　さとる）　米ハドソン研究所研究員
学習院大学大学院博士後期課程修了、博士（政治学）。
〔著書・論文〕『検証　インドの軍事戦略―緊張する周辺国とのパワーバランス―』（ミネルヴァ書房、2015年）、「日米変革の中における日本の役割」『平成18年度安全保障に関する懸賞論文　新たな安全保障環境下における日米同盟の在り方について』（優秀賞受賞論文、防衛省、2007年）、"Indo-China Border War Scenario and the Role of Japan-India Cooperation" *South Asia Program* (Hudson Institute, USA), 1 December 2017.

伊藤弘太郎（いとう　こうたろう）　（一財）キヤノングローバル戦略研究所研究員
中央大学大学院法学研究科博士後期課程政治学専攻単位取得満期退学。

堀地　徹（ほっち　とおる）　防衛省南関東防衛局長
京都大学法学部卒業

齊藤　孝祐（さいとう　こうすけ）　横浜国立大学研究推進機構特任准教授
筑波大学大学院人文社会科学研究科国際政治経済学専攻修了（博士、国際政治経済学）。
〔著書・論文〕『軍備の政治学―制約のダイナミクスと米国の政策選択―』（白桃書房、2017年）、「米国のサードオフセット戦略―その歴史的文脈と課題―」（特集：技術革新と安全保障、『外交』vol.40、2016年）、「米国の安全保障政策における無人化兵器への取り組み―イノベーションの実行に伴う政策調整の諸問題―」（『国際安全保障』42巻2号、2014年）。

部谷　直亮（ひだに　なおあき）　慶應義塾大学SFC研究所上席所員
拓殖大学大学院国際協力学研究科博士後期課程安全保障専攻単位取得満期退学。
〔論文〕「新時代の政軍関係」（『「新しい戦争」とは何か―方法と戦略』ミネルヴ

ァ書房、2016年)、「3Dプリンタの軍事転用の状況」(『CISTEC journal』vol.173、2018年1月)、「トランプ新政権の外交ドクトリンと日本の課題―新政権の「戦略的不保証戦略」―」(『インテリジェンスリポート』42巻2号、2017年)。

佐藤　丙午 (さとう　へいご)　　拓殖大学国際学部教授、海外事情研究所副所長
一橋大学大学院法学研究科博士課程修了。
〔著書〕"Nonproliferation After 9/11, and Beyond,"Waheguru Pal Singh Sidhu and Ramesh Thakur, eds., *Arms Control After Iraq: : Normative and Operational Challenges* (Tokyo: UNU Press, 2007)、『日米同盟とは何か』(共著、中央公論新社、2011年)、『21世紀の国際関係入門』(ミネルヴァ書房、2012年)。

栗田　真広 (くりた　まさひろ)　　防衛省防衛研究所地域研究部アジア・アフリカ研究室研究員
一橋大学大学院法学研究科国際関係論専攻博士課程修了(2017年)、博士(法学)。
〔論文〕「二頂点危機以後のパキスタンの核戦略に関する考察」(『国際安全保障』40巻1号、2012年)、「イラン核合意と南アジア―パキスタンの視点から」(『中東研究』525号、2016年)、「中国・インド関係における核抑止」(『防衛研究所紀要』20巻1号、2017年)。

和田　大樹 (わだ　だいじゅ)　　OSC(オオコシセキュリティコンサルタンツ)シニアアナリスト／アドバイザー、清和大学非常勤講師、元岐阜女子大学特別研究員
中央大学法学部卒業、慶応義塾大学大学院博士後期課程退学
〔著書・論文〕『Overseas Crisis Management テロ、誘拐、脅迫　海外リスクの実態と対策』第4章～第7章担当 (同文舘出版、2015年)、"Counterterrorism for Today'sAl Qaeda", *The Counter Terrorist(Asia Pacific Edition)* August/September 2014, "Perspectives on the Al-Qaeda", *Counter Terrorism Trends and Analysis*, March 2011, ICPVTR, Nanyang Technological University, Singapore. (日本安全保障・危機管理学会2014年奨励賞)

本多　倫彬 (ほんだ　ともあき)　　(一財)キヤノングローバル戦略研究所研究員
慶應義塾大学政策・メディア研究科修了、博士 (政策・メディア)。
〔著書・論文〕『平和構築の模索 ―自衛隊PKO派遣の挑戦と帰結』(内外出版、2018年)、『世界に向けたオールジャパン ―平和構築・人道支援・災害救援の新しいかたち』(共編、内外出版、2016年)、「JICAの平和構築支援の史的展開 (1999-2015) ―日本流平和構築アプローチの形成」(『国際政治』第186号、2017年)。

中島　浩貴（なかじま　ひろき）　東京電機大学理工学部共通教育群講師
早稲田大学大学院教育学研究科博士後期課程を経て、博士（学術）。
〔著書・論文〕『ドイツ史と戦争』（共編著、彩流社、2011年）、『軍事史とは何か』（トーマス・キューネ、ベンヤミン・ツィーマン編著、翻訳、原書房、2017年）、「軍事的オリエンタリズム―ドイツ帝国における一般兵役義務と東洋言説」（『19世紀学研究』第11号、2017年）ほか多数。

阿部　亮子（あべ　りょうこ）　同志社大学研究開発推進機構および法学部特任助教
バーミンガム大学政治科学及び国際学研究科修了（安全保障学修士）。
〔論文〕「米国海兵隊の水陸両用作戦構想の変化―湾岸戦争後の機動戦構想と作戦レベル構想の適用―」（『戦略研究』第20号、2017年）。

北川　敬三（きたがわ　けいぞう）　海上自衛隊幹部学校戦略研究室長・一等海佐
米国海軍兵学校卒業（科学士）、防衛大学校総合安全保障研究科卒業（安全保障学修士）、慶應義塾大学大学院政策・メディア研究科博士後期課程単位取得退学、博士（政策・メディア）。
〔著書・論文〕『海洋国家としてのアメリカ―パクス・アメリカーナへの道』（共著、千倉書房、2013年）、"Naval Intellectualism and the Imperial Japanese Navy"(N. A. M. Rodger, J. Ross Dancy, Benjamin Darnelland Evan Wilson, eds., *Strategy and the Sea: Essays in Honor of John B. Hattendorf*, Woodbridge: The Boydell Press, 2016). 「安全保障研究としての「作戦術」―その意義と必要性」（『国際安全保障』44巻4号、2017年）、「知的組織としての英軍の変容―『作戦術』とドクトリン制度化の視点から」（『防衛学研究』56号、2017年）、「日本海軍と状況判断」（『軍事史学』50巻1号、2014年）ほか。

「技術」が変える戦争と平和

2018年 9月25日　第1刷発行

編著者
みちした　なるしげ
道下　徳成

発行所
㈱芙蓉書房出版
(代表　平澤公裕)
〒113-0033東京都文京区本郷3-3-13
TEL 03-3813-4466　FAX 03-3813-4615
http://www.fuyoshobo.co.jp

印刷・製本／モリモト印刷

ISBN978-4-8295-0743-8

【芙蓉書房出版の本】

クラウゼヴィッツの「正しい読み方」
『戦争論』入門
ベアトリス・ホイザー著　奥山真司・中谷寛士訳　本体 2,900円

『戦争論』解釈に一石を投じた話題の入門書 Reading Clausewitz の日本語版。戦略論の古典的名著『戦争論』は正しく読まれてきたのか？従来の誤まった読まれ方を徹底検証し正しい読み方のポイントを教える。

ジョミニの戦略理論
『戦争術概論』新訳と解説
今村伸哉編著　本体 3,500円

これまで『戦争概論』として知られているジョミニの主著が初めてフランス語原著から翻訳された。ジョミニ理論の詳細な解説とともに一冊に。

ルトワックの"クーデター入門"
エドワード・ルトワック著　奥山真司監訳　本体 2,500円

世界最強の戦略家が事実上タブー視されていたクーデターの研究に真正面から取り組み、クーデターのテクニックを紹介するという驚きの内容。

『戦争論』レクラム版
カール・フォン・クラウゼヴィッツ著　日本クラウゼヴィッツ学会訳
本体 2,800円

西洋最高の兵学書といわれる名著。原著に忠実で最も信頼性の高い1832年の初版をもとにした画期的な新訳。

戦略の格言
戦略家のための40の議論
コリン・グレイ著　奥山真司訳　本体 2,600円

"現代の三大戦略思想家"コリン・グレイが、西洋の軍事戦略論のエッセンスを40の格言を使ってわかりやすく解説。

戦略論の原点　《普及版》
J・C・ワイリー著　奥山真司訳　本体 1,900円

軍事理論を基礎とした戦略学理論のエッセンスが凝縮され、あらゆるジャンルに適用できる「総合戦略入門書」。

【芙蓉書房出版の本】

平和の地政学
アメリカ世界戦略の原点
ニコラス・スパイクマン著　奥山真司訳　本体 1,900円

戦後から現在までのアメリカの国家戦略を決定的にしたスパイクマンの名著の完訳版。原著の彩色地図51枚も完全収録。

アメリカの対中軍事戦略
エアシー・バトルの先にあるもの
アーロン・フリードバーグ著　平山茂敏監訳　本体 2,300円

「エアシー・バトル」で中国に対抗できるのか？　アメリカを代表する国際政治学者が、中国に対する軍事戦略のオプションを詳しく解説した書 Beyond Air-Sea Battle: The Debate Over US Military Strategy in Asia の完訳版。

自滅する中国
エドワード・ルトワック著　奥山真司監訳　本体 2,300円

中国をとことん知り尽くした戦略家が戦略の逆説的ロジックを使って中国の台頭は自滅的だと解説した異色の中国論。

スターリンの原爆開発と戦後世界
ベルリン封鎖と朝鮮戦争の真実
本多巍耀著　本体 2,700円

ソ連が原爆完成に向かって悪戦苦闘したプロセスをKGBスパイたちが証言。戦後の冷戦の山場であるベルリン封鎖と朝鮮戦争に焦点を絞り東西陣営の内幕を描く。スターリン、ルーズベルト、トルーマン、金日成、李承晩、毛沢東、周恩来などキーマンの回想録、書簡などを駆使したノンフィクション。

原爆を落とした男たち
マッド・サイエンティストとトルーマン大統領
本多巍耀著　本体 2,700円

やればどうなるかよく知っている科学者たちが、なぜこれほど残酷な兵器を開発したのか？　原爆の開発から投下までの、科学者の「狂気」、投下地点をめぐる政治家の駆け引き、B-29エノラ・ゲイ搭乗員たちの「恐怖」……。"原爆投下は戦争終結を早め、米兵だけでなく多くの日本人の命を救った"という戦後の原爆神話のウソをあばいた迫真のノンフィクション！　原爆投下に秘められた真実がよくわかる本。

【芙蓉書房出版の本】

原爆投下への道程
認知症とルーズベルト

本多巍耀著　本体 2,800円

恐怖の衣をまとってこの世に現れ、広島と長崎に投下された原子爆弾はどのように開発されたのか。世界初の核分裂現象の実証からルーズベルト大統領急死までの6年半をとりあげ、原爆開発の経緯とルーズベルト、チャーチル、スターリンら連合国首脳の動きを克明に追ったノンフィクション。マンハッタン計画関連文献、アメリカ国務省関係者の備忘録、米英ソ首脳の医療所見資料など膨大な資料を駆使。

英国の危機を救った男チャーチル
なぜ不屈のリーダーシップを発揮できたのか

谷光太郎著　本体 2,000円

ヨーロッパの命運を握った指導者の強烈なリーダーシップと知られざる人間像を描いたノンフィクション。ナチス・ドイツに徹底抗戦し、ワシントン、モスクワ、カサブランカ、ケベック、カイロ、テヘラン、ヤルタ、ポツダムと、連続する首脳会談実現のためエネルギッシュに東奔西走する姿を描く。

米海軍から見た太平洋戦争情報戦
ハワイ無線暗号解読機関長と太平洋艦隊情報参謀の活躍

谷光太郎著　本体 1,800円

ミッドウエー海戦で日本海軍敗戦の端緒を作った無線暗号解読機関長ロシュフォート中佐、ニミッツ太平洋艦隊長官を支えた情報参謀レイトンの二人の「日本通」軍人を軸に、日本人には知られていない米国海軍情報機関の実像を生々しく描く。

黒澤明が描こうとした山本五十六
映画「トラ・トラ・トラ！」制作の真実

谷光太郎著　本体 2,200円

山本五十六の悲劇をハリウッド映画「トラ・トラ・トラ！」で描こうとした黒澤明は、なぜ制作途中で降板させられたのか？黒澤、山本の二人だけでなく、20世紀フォックス側の動きも丹念に追い、さらには米海軍側の悲劇の主人公であるキンメル太平洋艦隊長官やスターク海軍作戦部長にも言及した重層的ノンフィクション。

【芙蓉書房出版の本】

スマラン慰安所事件の真実
BC級戦犯岡田慶治の獄中手記

田中秀雄編　本体 2,300円

「強制性」があったのかを考え直す手がかりとなる貴重な資料。日本軍占領中の蘭領東印度(現インドネシア)でオランダ人女性35人をジャワ島スマランの慰安所に強制連行し強制売春、強姦したとされる事件で、唯一死刑となった岡田慶治少佐が書き遺した獄中手記。岡田の遺書、詳細な解説も収録。

誰が一木支隊を全滅させたのか
ガダルカナル戦と大本営の迷走

関口高史著　本体 2,000円

わずか900名で1万人以上の米軍に挑み全滅したガダルカナル島奪回作戦。この無謀な作戦の責任を全て一木支隊長に押しつけたのは誰か？　一木支隊の生還者、一木自身の言葉、長女の回想、軍中央部や司令部参謀などの証言をはじめ、公刊戦史、回想録、未刊行資料などを読み解き、従来の「定説」を覆すノンフィクション。

ソロモンに散った聯合艦隊参謀
伝説の海軍軍人樋端久利雄

髙嶋博視著　本体 2,200円

山本五十六長官の前線視察に同行し戦死した樋端は"昭和の秋山真之""帝国海軍の至宝"と言われた伝説の海軍士官。これまでほとんど知られていなかった樋端の事蹟を長年にわたり調べ続けた元海将がまとめ上げた鎮魂の書。

ゼロ戦特攻隊から刑事へ
友への鎮魂に支えられた90年

西嶋大美・太田茂著　本体 1,800円

8月15日の最後の出撃直前、玉音放送により奇跡的に生還した少年特攻隊員・大舘和夫が、戦後70年の沈黙を破って初めて明かす特攻・戦争の真実。